94

新 知
文 库

XINZHI

World in the Balance:
The Historic Quest for an
Absolute System
of Measurement

度量世界

探索绝对度量衡体系的历史

［美］罗伯特·P.克里斯 著　卢欣渝 译

生活·讀書·新知 三联书店

图书在版编目（CIP）数据

度量世界：探索绝对度量衡体系的历史／（美）罗伯特·P. 克里斯（Robert P. Crease）著；
卢欣渝译. —北京：生活·读书·新知三联书店，2018.6 （2018.11 重印）
（新知文库）
ISBN 978－7－108－06229－1

Ⅰ．①度… Ⅱ．①罗… ②卢… Ⅲ．①计量单位制－历史－世界
Ⅳ．① TB912-091

中国版本图书馆 CIP 数据核字（2018）第 022453 号

特约编辑　鲍　准
责任编辑　王振峰
装帧设计　陆智昌　康　健
责任校对　常高峰
责任印制　董　欢
出版发行　**生活·讀書·新知** 三联书店
　　　　　（北京市东城区美术馆东街 22 号　100010）
网　　址　www.sdxjpc.com
图　　字　01-2018-2733
经　　销　新华书店
制　　作　北京金舵手世纪图文设计有限公司
印　　刷　北京新华印刷有限公司
版　　次　2018 年 6 月北京第 1 版
　　　　　2018 年 11 月北京第 2 次印刷
开　　本　635 毫米 × 965 毫米　1/16　印张 18
字　　数　217 千字　图 20 幅
印　　数　08,001－13,000 册
定　　价　42.00 元
（印装查询：01064002715；邮购查询：01084010542）

新知文库

出版说明

在今天三联书店的前身——生活书店、读书出版社和新知书店的出版史上，介绍新知识和新观念的图书曾占有很大比重。熟悉三联的读者也都会记得，20世纪80年代后期，我们曾以"新知文库"的名义，出版过一批译介西方现代人文社会科学知识的图书。今年是生活·读书·新知三联书店恢复独立建制20周年，我们再次推出"新知文库"，正是为了接续这一传统。

近半个世纪以来，无论在自然科学方面，还是在人文社会科学方面，知识都在以前所未有的速度更新。涉及自然环境、社会文化等领域的新发现、新探索和新成果层出不穷，并以同样前所未有的深度和广度影响人类的社会和生活。了解这种知识成果的内容，思考其与我们生活的关系，固然是明了社会变迁趋势的必需，但更为重要的，乃是通过知识演进的背景和过程，领悟和体会隐藏其中的理性精神和科学规律。

"新知文库"拟选编一些介绍人文社会科学和自然科学新知识及其如何被发现和传播的图书，陆续出版。希望读者能在愉悦的阅读中获取新知，开阔视野，启迪思维，激发好奇心和想象力。

生活·讀書·新知三联书店

2006年3月

情谊无以计量。

——献给斯特凡妮

目 录

正午的炮声

在某个遥远的国度，靠近大海的地方，有个傍海村庄。当地有个军营，军营附近的山头有个炮台。每天正午，在完全相同的时间，大炮会轰鸣一声，村民便知道下午开始了。几个世纪以来，一直如此。这是很久以前的事，早于互联网出现之前，甚至早于电视机和收音机出现之前。对这个村庄而言，正午的炮声犹如日出日落，是一种再自然不过的现象。它是每天重复的规律，人们利用它区分上午和下午。正午的炮声形成并固化了村民每天的生活节奏，人们借助炮声计划一切，包括见面谈生意，或干些见不得人的勾当。

一个十多岁的孩子特别想弄清楚，大炮为何会在正午那个时间点准时打响。一天，那孩子爬上山去问炮手，他每天是怎么弄响那尊大炮的。炮手笑着对孩子说，他是在指挥官的命令下放炮，而指挥官的职责之一包括佩戴最精准的手表，精心确保手表与准确时间同步。后来，那孩子又去找指挥官，指挥官骄傲地向孩子展示了工艺精良、走时准确的手表。怎么校准时间呢? 指挥官告诉孩子，他每周前往小镇一次，每次都走同样的路线。镇上的钟表匠开的小店坐落在那条路旁，钟表店的橱窗里有个巨大的、贵重的座钟，每次他都会站在窗前校准时间，镇上好多人也跟他一样站在窗前校对时间。

第二天，孩子前去拜访钟表匠，询问如何校准橱窗里的大钟。"就用这地方每个人都用的唯一可靠的方式啊，"钟表匠说，"根据正午的炮声校对。"

滨海村庄正午放炮的故事揭示了人类依赖度量衡的惯常模式。简单来说，度量衡是一种标准或者说标记，人类借助它衡量或估算某种东西。就前边说到的村庄而言，村民们借助炮声区分上午和下午；这种度量衡一旦存在，人们会毫无来由地认为它理所当然，并认定它一直以来就如此。度量衡成了所有东西自身形态的组成部分，似乎它原本就是自然界的一部分。然而，每一种标准或标记的产生，都是人为的结果，自然界并不存在测量尺、衡量秤之类的东西。虽然无数的"天"和"年"按照规律周而复始，但并不存在方便人们校准时间的归零点。人类借助日晷和钟表之类的东西构建各种时间的概念。人们总是以为，某个地方真的存在所谓"标准的"度量衡，所以人们常常用其他地方的人设置的"标准的"度量衡来校对身边的度量衡。这就好比宇宙神话故事说的，地球由一头大象驮着，大象站在许多只乌龟的背上，这些乌龟里肯定有一只最关键的乌龟。因而，结果肯定会具有随意性，比方说：假设那个偏远的滨海村庄里的钟表突然间全都停摆，村民们必须在白天的中间点重新设置标识点，这个标识点必定因人而异——新标识点可能会设置在 12:04、11:47、1:28 当中的任意一点；其实，新标识点之间的差异无关紧要，其结果肯定具有两重性——随意性和可重复性，即人类可以用自然界的某种成分设置度量衡，而且那种成分可以用度量衡来设置。也就是说，人们将放炮那一刻称为正午，而人们也在正午那一刻放炮。

随意性和可重复性仅仅反映人类设定度量衡的典型方式：人类

利用身边唾手可得的东西随意设定需要设定的东西。有史以来，世界上所有民族一直都在随意设定度量衡。17世纪和18世纪是现代科学诞生时期，聚首法兰西的科学家们曾经尝试开发一种所有国家都能接受的、与自然界恒定特性维系在一起的、通用的度量衡体系。他们实现了前一个目标——让所有国家都接受，却未能实现另一个目标。大约半个世纪前，各国科学家组成的一个国际组织终于成功地将一种计量单位与一种自然现象维系在了一起：将长度与光维系在了一起。诸如时间之类的度量衡不久后也与自然现象维系在了一起。时至今日，唯一没有与自然现象维系在一起的基本（或称"基础"）度量衡是"质量"（mass，物理学名词）。

巴黎郊外某实验室的一个穹隆形盖子里放置着一块金属，质量单位由它确定。利用这块金属确定终极质量单位的日子已经屈指可数。如今，新一代科学家们已经接近于迈出第二步：将所有度量衡单位维系在一起——包括质量单位——利用"自然常数"定义各种度量衡，造出一个"绝对的"度量衡体系。这样就开创了人类历史的先河，如果所有基本计量标准数值不明不白地丢失，人们可依据这个度量衡体系恢复所有计量标准，与原有标准相比，新标准将分毫不差。本书接下来讲述的正是这一进程。

第一章
《维特鲁威人》

丹尼尔·笛福（Daniel Defoe）所著的《鲁滨逊漂流记》（1719）里有一段描述，说的是有史以来最著名的随机创造度量衡的活动之一：鲁滨逊遭遇海难后，在一个荒岛生活了十五年。一天，经过海滩时，他看见"一个光脚的人在海滩留下的脚印"，这让他"像遭了雷击"。在此生活多年后，他从未见过任何活人迹象，因此他"恐惧至极"，逃回了洞穴，满脑子都是"疯狂的想法"，如此三天三夜。难道那是撒旦踩出的脚印，要么就是食人族留下的印记？有没有可能是他自己的脚印，也许所有恐惧都源自他的幻觉？他能想到的唯一出路是："我必须再去一趟海滩，亲眼见证一下那个脚印，用自己的脚踩在那个脚印上比较一下。"再次来到海滩时，鲁滨逊用自己的脚踩在海滩上那个脚印的旁边。那个脚印比他的脚大了许多！经过这次测量，鲁滨逊得以确定，来过这个海岛的人，除了他，至少还有另外一个人。这一发现改变了鲁滨逊对自身安全的看法，促使他立即动手加固原有的洞穴居室。从那往后，他把那地方当成了"城堡"。[①]

随机创造的度量衡

从许多方面看，鲁滨逊的上述行为如实体现了所有测量行为的几个阶段。他需要信息，以便加以利用，而他获取信息的途径唯有利用自己熟悉的东西（一只脚的长度）的特性与不熟悉的同类东西（海滩上神秘的脚印）的特性相比较，目的是更多地了解其他东西；或者，"通过测量"得到某种东西，例如种子的数量、液体的重量（weight）、木头的长度等。人们将基本计量数值统称为单位；在前述场合，"单位"就是"鲁滨逊的脚"。测量行为既可以简单易行，也可以复杂多样，既可以凭借目测，也可以使用精密测量工具；有些标准大概其即可，有些必须精益求精。无论是哪种情况，通过测量，人类希望更好地了解世界，而且测量结果确实可以改变世界。

人类的身体是最古老的工具，同时也是第一个计量用具。脚丫子人人都有，随时可以调用。曾几何时，几乎所有文明国度都利用"脚"作过计量单位，往下还可细分成"指"。例如，古希腊将"一脚长"（或称希腊尺）往下细分为16"指"（或称希腊寸[dactyloi]）；中国将"一脚长"称作尺，往下则细分为寸。其他与身体有关的长度单位有手指、指甲、头发（直径为千分之几英寸）、手掌、手宽（沿用至今仍为测量马匹身高的单位）、臂长（亦称"厄尔"[ell] 或"腕尺"[cubit]）、手指跨距（span，指五指张到最大时大拇指指尖到小拇指指尖的距离）、一步、双步。"一

---

① Daniel Defoe, *The Life and Adventures of Robinson Crusoe* (New York: Greenwich House, 1982), pp. 162–166.

度量世界

握""一把""一捏"至今仍然是烹饪计量单位。埃塞俄比亚人甚至还用"一耳朵眼"计量药量。[①]与人生有关的时间单位包括"心跳""一生""一代"。有个古老的传说，俄罗斯将军亚历山大·苏沃罗夫（Alexander Suvorov）将士兵迈出的步幅定义为计量长度的单位阿尔申（arshin，旧俄长度单位），以确保军中所有成员都拥有计量长度的单位。大约每1000阿尔申为1俄里（这是计量长度的上一级单位，大约为1千米）。

19世纪60—70年代，在印度工作的英国测量员托马斯·蒙哥马利（Thomas Montgomerie）部署了有史以来地域最广和标准最严的利用身体进行测量的活动之一：绘制中国西藏、亚洲中部以及其他地区的地图。这一地区的许多国家拒绝西方人入境，且对偷越国境者处以极刑。为了绕开这道槛，托马斯·蒙哥马利雇用了一对喜马拉雅兄弟——纳因·辛格（Nain Singh）和马尼·辛格（Mani Singh），他花费两年时间教给兄弟二人测量技术，训练他们将步幅严格控制在33英寸；或者说，每英里迈出2000步（走路过程不考虑地形地貌）。印度喇嘛又被称为"班智达"（pundit），在印度语中意为"圣人"，辛格兄弟乔装成印度喇嘛，利用伪装成转经轮的计数器记录距离。传统的转经轮有108颗珠子，但兄弟二人的转经轮仅有100颗珠子，两人每迈出100步便从转经轮卸掉一颗珠子。利用此法，兄弟二人成功地测量了中国西藏很大一部分地区，包括拉萨。贡献尤其大的是纳因·辛格。这番测量获取的信息帮助托马斯·蒙哥马利绘制了中国西藏和亚洲中部地图，这一地图发挥了许多作用，当然也包括四十年后帮助英国人残酷地入侵西藏。

[①] Stefan Strelcyn, "Contribution à l'historie des poids et des mesures en Ethiopie," *Rocznik Orientalistyczny* 28, no. 2 (1965), p. 77.

无论是在中国还是在南北美洲，自远古以来，不同国度的人们都曾经利用粮食粒和种子粒随机制作测量长度和重量（weight）的量具，人们用过的东西包括稻米、玉米、小米、大麦、角豆（英语"克拉"一词即来源于角豆）。由于气候变化，粮食粒和种子粒的长度和重量会随之变化，随着雨季的来临，它们会膨胀；不过，它们唾手可得，而且坚硬。政府部门往往会一味地给这些生成于大自然的标准设定具体的限制，坚持让人们在旱季收获粮食粒和种子粒，且颗粒的个头必须均等。

　　"易获得性"仅仅是度量衡的三个重要特性之一，它的第二个重要特性是"适当性"，度量衡必须具备适度规模，才能满足预期目的。如果随机创造的度量衡使用起来不方便，就发挥不了作用。典型的度量衡仅有为数不多的几个单位，不可能超过数千单位，甚至1000单位也达不到。有个古老的说法很有名：12世纪时，是英国国王亨利一世将"码"引入了英国度量衡；"码"亦称"臂长"，亨利一世通过立法用他的臂长作为标准来定义码。艺术史学家彼得·基德森（Peter Kidson）指出，当时英国早已拥有一套长度度量衡，平白无故地引入新的标准，会让商人们感到一头雾水，他们必须将新东西与在用的东西关联起来。他说道："如果心知肚明会麻烦缠身，谁还会潜心发明新的度量衡；另外，让新度量衡进入流通领域更加麻烦，因为让人们接受全新的和不熟悉的东西非常困难！"在乔治·奥威尔（George Orwell）的作品《一九八四》里，独裁者们可以强迫公民们一夜之间改用全新的语言，让人们放弃老一套度量衡，接受全新的东西，同时继续过安稳的日子。小说毕竟是小说，在现实生活中，这样的事是不可能发生的。彼得·基德森还说，如果引入新的计量单位真的与亨利一世有关，那也是因为英国布匹制造商们特别需要某种新的计量单位；他们用惯了老一套 12 英尺的罗马"寻"，而他们特别需要某种长度大约仅有一半的计量单位，用于标示其产品特性，而新的计量单位必须易于与现有的度量衡关联起来。彼得·基德森总说："国王在其中的作用不是发明创造，而是查漏补缺。"[①]

为达到预期目的，除了具备易获得性、适度性，度量衡还必须足够牢靠，稳定，可信。这方面，一些早期民族也为今人提供了让人耳目一新的原创实例。在东欧，犹太人为已故亲人举办周年忌辰或周年祭典时，会点燃一根蜡烛，预期的燃烧时间为 24 小时，因而人们将蜡烛插在防护完备的玻璃器皿里，人们将其称作周年忌辰杯（或周年祭典杯）。那个年代，玻璃制品很贵重，人们都会妥善保管自家的杯子，平日里则用来喝水，这种做法也在美洲沿袭下来。菲利普·罗思（Philip Roth）有部《再见，哥伦布》（*Goodbye Columbus*），故事里的主人公曾回忆奶奶用"一个古旧的周年忌辰杯喝着热茶"。所有这类杯子大小都差不多，因为制作这样的杯子原本是为了装入等量的蜡。这种杯子杯壁厚实坚固，因而蜡烛燃烧产生的热量不会使其开裂。杯子的大小正好可以用来衡量食材，它们自然而然地成了烹饪度量衡。某人的奶奶会这么说，某种食材需要多少多少"杯"水、面粉、玉米粉，听到这种话的人立刻会明白食材的用量，而且还知道手头就有计量这些食材的用具。这样的食材配方最初都是口口相传，然后由某个后辈书写成文，经典的做法为，女儿凭借记忆将妈妈所说的话书写成文。这类度量衡都是约数，不过很实用。

比起沉重的周年忌辰杯，饮水用的器皿更加适用，计量用的杯

---

① Peter Kidson, "A Metrological Investigation," *Journal of the Warburg and Courtauld Institutes* 53 (1990), pp. 86–87.

子则更加精准。如今，用周年忌辰杯作为度量衡已经非常罕见。不过，周年忌辰杯从祭典用具变身为计量单位，如实地反映了度量衡的崛起。在古希腊人看来，计量是人类运用技术完善大自然的经典范例。希腊人早就指出，大自然为人类创造了衣食住行各种需求，而大自然自身却无法满足人类；或者说，大自然仅能提供满足人类需求的原材料，人类必须依靠自己找到或发明满足自身需求的东西。就周年忌辰杯来说，东欧人将其灵活应用了，在这个过程中，原本为某种目的制作的东西被用到了其他方面。这样的例子很多。后来为满足人们对计量的需求，人们制作了尺子、磅秤、钟表以及其他计量用具。

从本质上说，只要具备易获得性、适度性、稳定性，使用随机创作的度量衡不可谓不科学。华莱士·萨拜因（Wallace Sabine，1868—1919）是哈佛大学的物理学家，当年的校长要求他解决哈佛大学福格艺术博物馆的音质问题，同时制定一套量化音质的音频量化表。[①]诸如"混响"之类难以理解的物体应当如何测量呢？华莱士·萨拜因决心利用椅子垫进行实验，在他的指导下，人们从哈佛大学音响效果最好的桑德斯剧场搬来了椅子垫，在不同的建筑里进行室内实验。他们的实验从半夜到早晨5点之间进行，因为那个时间段整个校园沉浸在静谧之中。华莱士·萨拜因和助手们搬走了大厅里的所有椅子垫，借助一个秒表、一架管风琴、一个听觉敏锐的助手、不同数量以及放置于不同位置的椅子垫，他们测量了可辨音在桑德斯剧场里的回响究竟能持

---

① Emily Thompson, *The Soundscape of Modernity: Architectural Acoustics and the Culture of Listening in America, 1900–1933* (Cambridge: MIT Press, 2002).

续多长时间。[1] 华莱士·萨拜因由此推导出了公式 $xy = k$，公式里的字母 x 代表所用椅子垫的数量，字母 y 代表室内混响音持续的时间，字母 k 是个常数。此后不久，华莱士·萨拜因构建了著名的、影响深远的公式，涉及混响音到完全静音的时间，以及音量、表面积等。公式为：$t = kl(a + x)$，字母 t 代表室内混响音持续的时间，字母 k 随着音量变化而变化，字母 a 反映的是墙体、地板、天花板的吸音能力，字母 x 反映的是室内家具和观众产生的吸音能力。这里的桑德斯剧场的椅子垫成了测量音响的"周年忌辰杯"，也就是说成了计量单位。在用作他途这一过程中，椅子垫帮着形成了一项突破，而这一突破改变了全世界听众席座椅的布局。[2]

随机创造度量衡有其局限性，不同的度量衡必须有能力跨越不同的领域，因为任何单一的度量衡都有其局限性。英语国家盖房子的人们使用的单位横跨英寸、英尺、码；英语国家的厨师们常用的单位有捏、勺、杯、加仑；有时候，大比例的计量单位是用非常小的单位数量累计出来的，例如"英里"（mile）一词源于拉丁词语 *millia passuum*，也即 1000 个双步。在某些场合，计量单位用不同的换算方式相互关联。

《摩奴法典》（*Laws of Manu*）是一部远古时期的梵文著作，据说作者是印度教一位传奇立法者，存世时间可上溯至公元前 500

---

[1] 华莱士·萨拜因清楚，为降低声音，敞开建筑物的窗户是个重要因素。敞开的窗户不像椅子垫那样吸音，它们会让声音传导至建筑物外。另外，窗户更具"普遍性"。和椅子垫相比，不同建筑的窗户虽有不同，但它们的特性在一定程度上却更为相似。尽管如此，华莱士·萨拜因却更愿意使用椅子垫，因为用起来更方便。他在文章中称："所以，在实验中有必要使用椅子垫，不过，推导的结论必须以打开的窗户为计量单位。"

[2] 参见国家科学院的萨拜因的自传，http://books.nap.edu/html/biomems/wsabine.pdf；另见 Thompson, *The Soundscape of Modernity*。

年。该作品以一种大致的换算方式描述了铜器、银器、金器交易中常用的一些度量衡，见下：

> 在穿透窗棂格栅的阳光照耀下，肉眼即可看见最小的微粒，人们以为，这是最小的可量化的粒子，并将其称作"特拉萨里奴"（trasarenu，即悬浮的尘埃颗粒）。人们已知，每8颗"特拉萨里奴"的量等于1粒"里克萨"（liksha，即1粒虱子卵），每3粒"里克萨"的量等于1个黑芥末颗粒（梵文即 ragasarshapa），每3个黑芥末颗粒的量等于1颗白芥末籽，每6颗白芥末籽的量等于1颗中等大小的大麦粒，每3颗大麦粒等于1颗"克里斯纳拉"（krishnala，即相思豆的籽）。[1]

基于上述计算结果，每颗"克里斯纳拉"等于1296颗尘埃颗粒。就随机创造计量单位而言，我们另外还可以举出一段令人赏心悦目的描述，摘自埃里克·克罗斯（Eric Cross）的小说《裁缝和妻子安丝蒂》（*The Tailor and Ansty*）。该书于1942年在爱尔兰出版，第一次发行即成禁书，因为该书活灵活现地再现了爱尔兰乡村生活中淫秽放荡的方方面面。愤怒的邻里们甚至对小说描述的那一对人物（因书而得名）在现实中的原型进行了摧残。书中的裁缝特别喜欢向妻子安丝蒂卖弄——他同时还让周围的人们都能听到——爱尔兰老辈人的机智："人们聪明得很暴力，受过好教育，所以总能让政府或他人替他们动脑筋。"裁缝所说的一些老辈人的机智就包括了计量。[2]

---

[1] *The Laws of Manu*, trans. G. Bühler (Oxford: Clarendon Press, 1886), ch. 8, sections 132–134.

[2] Eric Cross, *The Tailor and Ansty* (Dublin: Mercier Press, 1942), pp. 31, 86–87.

裁缝在公开场合说，从前人们计算内陆面积时，用的是"产出亩"（collop）。产出亩的计算基于土地的"承载力"，"得到的结果是农场的价值，而不是农场的大小。1英亩土地指的可能是1英亩山石地，1产出亩则能把问题说清楚"。1产出亩面积足以养活"1头母猪，或者两头1岁的小母牛，或者6只绵羊，或者12只山羊，或者6只母鹅加1只公鹅"，3产出亩足以养活1匹马。裁缝还说，一位邻居吹嘘自己拥有4000英亩土地，可他实际上只拥有"可以养活4头母牛的土地"。毫无疑问，那位邻居夸大其词了。在那一地区，拥有那么多土地的人屈指可数，更不要说爱尔兰西部以多沼泽地和岩石山地而闻名。当然，1000英亩土地养活1头体重中等的母牛还是绰绰有余的。裁缝说得没错，用产出亩进行计量，即可戳破牛皮。"我这么说可能是在找骂，不过老辈人确实比现在的人更有常识。"

　　裁缝还说，对于计算时间，爱尔兰老辈人同样很有一套，计算的基本计量单位是"秧鸡"的寿命，那是一种体形很小的禽类。后来，裁缝将与秧鸡寿命有关的换算方式从爱尔兰语翻译成了英语，因而人们有了一套方式，据此可以计算相互关联的计量单位，见下：

　　　　1条猎犬的寿命等于3只秧鸡的寿命；

　　　　1匹马的寿命等于3只猎犬的寿命；

　　　　1个苏格兰高原兵的寿命等于3匹马的寿命；

　　　　1头鹿的寿命等于3个苏格兰高原兵的寿命；

　　　　1只老鹰的寿命等于3头鹿的寿命；

　　　　1棵紫杉树的寿命等于3只老鹰的寿命；

　　　　1条田埂的寿命等于3棵紫杉树的寿命。

裁缝还说，我们不再需要其他时间单位了，因为，田埂的寿命乘以3等于宇宙的寿命。裁缝的估算大错特错了，因为，宇宙的寿命不大可能是1只秧鸡寿命的3^8倍。不妨这么说，假设1只秧鸡的平均存活时间为10年，这样算下来，宇宙大爆炸以来，时间才过去65610年，这与当下各种估算方式得出的140亿年这个天文数字相比较，差距实在过于悬殊！裁缝还说，爱尔兰老辈人的时间单位"基于人们身边的东西，所以，无论人们身在何处，总能找到'历书'"，这个说法也是人们喜闻乐见的。

用"世界的历书"一说描述这类测量单位的出处，可谓精妙绝伦！裁缝没有给自己身处的世界强加任何人造的或虚构的计量单位，他从大自然本身以及现有的换算方式里获取计量单位。

计量单位的换算方式

计量单位的换算方式可能带有非同一般的固有特性。一旦某种换算方式的内部构成具有了某种相互关系，古希腊人便会将其称为合比例，亦可称作"对称"——源自希腊"成对的度量衡"这一说法。就此类对称性而言，人类的身体提供了完美的解释。古罗马建筑师兼历史学家维特鲁威（Vitruvius）所著的《建筑十书》（De Architectura）成书于公元前1世纪，他在书里阐述道："一个形态完美的人体"必定具备成比例的尺寸。

> 大自然是这样设计人体的：脸部从下巴算起，到前额顶端，也即发根最底部边缘，长度应为身体净高的1/10；计算手长应张开手指，从腕部算起，到中指尖，长度与脸长相等；计算头部的长度从下巴算起，到天灵盖顶端，长度为身体净高的1/8，若是

加上脖子，从胸部最高处的肩膀处算起，到发根最底部边缘，长度应为身体净高的 1/6；从胸部正中到天灵盖顶端，此部分的长度应为身体净高的 1/4……脚长应为身体净高的 1/6；前臂的长度为身高的 1/4；胸部的宽度同样是身高的 1/4。人体其他部位也有各自的匀称比例。正由于采纳了这些比例，那些著名的古代画家和雕塑家才得以厥功至伟和流芳百世。[①]

维特鲁威认为，对人体进行测量具有美学的和宗教的意义，因为这种比例映射的是宇宙的秩序，反映的是精神的维度，它们将和谐与完美具体化，同时将人类和自然结合在了一起。他阐述道："正是人体的不同部位让他们（祖先们）产生了测量的基本理念，这对所有人类创造的作品而言显然是必要的。"在前述所有度量衡里，最重要的莫过于以下几个：展开两臂长，亦称"英寻"（fathom），也即展开两臂时从某一端中指指尖到另一端中指指尖的距离；腕尺，亦称"厄尔"（即指尖到肘部的距离）；一脚长；一手掌长；一指头长。无论人们将前述哪种计量单位当作主要度量衡，维特鲁威都会将其称作"模块"（module）。许多远古时期的建筑看起来正是利用这样的"模块"排列成网格建造的。例如，据说帕特农神殿底座的长度为 225 英尺，宽度为 100 英尺，这与希腊度量衡一脚长的比例大致相当。

有时候，希腊人会把换算方式制作成度量衡浮雕留给后世，这里列举两个著名的实例。

[①] Vitruvius, *Ten Books on Architecture*, trans. H. H. Morgan (Cambridge: Harvard University Press, 1914), book III, ch. I, sections 3, 5, www.gutenberg .org/files/20239/20239-h/29239-h. htm.

图 1　公元前 5 世纪希腊或土耳其西部的度量衡浮雕，该浮雕展示的是男性身体各部位的比例关系

　　图 1 的浮雕于公元前 5 世纪在希腊或土耳其东部制作，现存英国牛津地区的阿什莫林博物馆，浮雕内容反映了英寻、腕尺、一脚长、指长之间的关系，4 腕尺长度等于展开两臂长——这里的腕尺显然是"王室"的腕尺，即宫廷里用的度量衡，而非普通市民在市场里用的腕尺。还有一个浮雕于公元前 4 世纪在希腊萨拉米斯（Salamis）制作，现存比雷埃夫斯博物馆，浮雕内容反映了展开两臂长、腕尺、一脚长、手指跨距之间的关系。①

　　另一个实例为列奥纳多·达·芬奇（Leonardo da Vinci）那幅被人们大量复制的、用漫画手法创作的著名画作，人们往往将其称作《维特鲁威人》，因为画家作画时脑子里显然想到了古罗马建筑师维特鲁威。达·芬奇的《维特鲁威人》向人们揭示了人体的比例，以及从人体自身获取的计量单位如何构成了极致的美。《维特鲁威人》还向人们展示，度量衡的构成也具有符号性和精神性的意义。

---

① 　See Mark W. Jones, "Doric Measure and Architectural Design 1: The Evidence of the Relief from Salamis," *American Journal of Archaeology* 104, no. 1 (January 2000), pp. 73–93.

　　　　　　　　　　　　　　度量世界

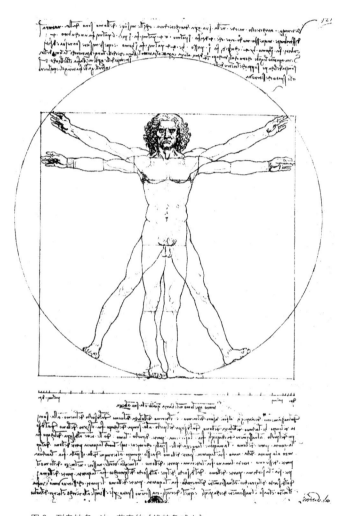

图 2 列奥纳多·达·芬奇的《维特鲁威人》

其实，出于许多原因，早在史前人类已经意识到，必须找出某种特定的物体，以确定度量衡的"单位"。例如，一脚长究竟有多长，并非以你的脚或我的脚确定；1克拉究竟有多重，亦非用此克拉或彼克拉确定。人们将这一特定的东西称作"标准"。所谓标准，就是某一特定量的样本，人们选定它，为的是标明数字为1时那种量的数值。某种标准一旦确立，就让这一单位"实体化"了，即是说，使其像人造物体一样，有一种明确的、具体的识别方式。[①]

从世界的历法表单上的某个度量衡转到具体的、标准化的度量衡，一切都会跟着变化。这样的标准既不属于大自然，也不属于社会生活，反而成了具有专门特性和扮演独特角色的特殊人工制品。这样的标准必须安置在特殊的房子里，得到特殊的保护和保养。对这种标准的掌握是与社会权力和政治权力关联在一起的，与国王们的权威以及上帝的伟大关联在一起的：罗马人将他们的标准存放在卡皮托里诺博物馆，希腊人将其存放在雅典卫城，犹太人将其存放在耶路撒冷圣殿，国王和贵族将其存放在宫殿里，美国人将其存放在华盛顿特区附近，法国人将其存放在巴黎附近，原因不言自明。每个国家的统治者都拥有一套标准，且对标准的可靠性提供保障；同时，统治者身边的人们负责监督和保护各种标准，提供和检查各种标准的复制品。人们对各种标准的复制品是否精确存有疑虑。事实上，在使用称重衡器和丈量衡器过程中，质疑是一种常态，比方说，对它们的保管是否妥当，它们在使用中是否可靠。

---

① 在这里我改变了城市兼建筑设计教授罗伯特·塔文诺尔的术语，他在其所著《斯穆特的耳朵：人类测量》(*Smoot's Ear: The Measure of Humanity*, New Haven: Yale University Press, 2007, p. 45) 里将设立人造标准称为"去实体化"。我认为，将"人造度量衡"称为"实体化度量衡"更容易让人接受，而当代度量衡领域的进展——用自然常数替换人造标准，以及技术的介入——更像是"去实体化"。

例如，我在纽约联合广场农贸市场购买水果和蔬菜时，即使我不认识卖家，我也相信花出去的钱能换回足量的东西，因为市政巡视员们会定期走访销售商，核对他们的称重设备。菲律宾马尼拉马累区（Malate district of Manila）是低收入者工作的地方，那里甚至有个与市场称重衡器可信度有关的专有名词：当地人将自己经常光顾的商户称作"诚信商户"，因为他们从不缺斤短两。如果某人的"诚信商户"那天没有营业，此人首先会前往朋友推荐的当天开业的"诚信商户"那里购物。[1]进行实验时，科学家们也不会每次都耗费时间反复核对各种材料的详细规格。他们同样必须仰仗信任——这种信任是科学家们通过不断强化认知获得的，它建立在供应商自有的、完备的质量控制反馈系统上，该系统会主动发现不正确的测量数据，且在发现错误后立即进行纠错。另外，供应商也清楚，任何错误都意味着再也不会从这些科学家手里拿到后续订单。如今，称重和丈量成了一种社会建制，它位于信任和专业知识双重领域的中心。

实体化各种计量单位，同样会改变它们的相互关系。在世界的历法表单上，各种计量单位都保持着各自的独立性和完整性，一手宽就是一手宽，一指长就是一指长，一粒种子就是一粒种子，这些计量单位都不会因为自己与其他计量单位的某种换算关系而增加或减少。如果1只秧鸡的寿命超过1条猎犬的寿命，或抵不上1条猎犬的寿命，猎犬的寿命并不会因此发生变化。用哲学家的话说，所谓"本体论"其实很简单：这些计量单位的基本关系只是相对于世界而言的，它们系统内的换算关系是第二位的，主要是结构性的。一旦计量单位实体化了，它们即可互相定义，例如，1英尺可定义

---

① Peter Menzel and Faith D'Aluisio, *Hungry Planet* (Napa: Material World Books, 2005), p. 237.

为 12 英寸，这种关系即是各计量单位之间的固有关系。因而本体论应用在度量衡领域就有了变化：度量衡体系对其成员是起主导作用的，犹如几何学必定会支配所有三角形和正方形，度量衡体制的法则必定会支配所有计量单位。

测量体系也会随之发生变化。每当提到世界的历法，人们总会将某个正在测量的特定的物体——比方说一只脚、一只鸟的寿命、一粒种子或成堆的种子——与现实世界联系起来。一旦各种度量衡实体化了，人们总会提到某个度量衡体系，而且，人们并非真的让（可置换的，也许还是带有瑕疵的）特定的测量成分发挥作用，使其与现实世界联系在一起，而是让其与整个度量衡机制联系在一起。

计量学和度量衡研究

实体化度量衡——制造和维护各种计量标准，也包括与此有关的各种体制，以及对这些体制实施监管——使计量学（即关于称重和丈量的科学）成了专门的学科。计量学既是理论科学也是实用科学，因为关于计量学的知识涉及度量衡体制及其内在的关系，还涉及如何将测量应用于横跨科学、经济学、教育学的不同领域。对度量衡及其换算方式在文化层面和精神层面的意义的研究——比如《维特鲁威人》的比例和希腊美学观念之间的关联，被称为度量衡研究。[①]

---

① The principal person to promote this term is Hans Vogel, who applied it to the Chinese context in "Aspects of Metrosophy and Metrology during the Han Period," *Extrême-Orient, Extrême-Occident* 16 (1994), pp. 135–152. However, I am vastly expanding the scope of this wonderful term.

每个国家在测量领域都有大量象征性符号。一旦测量实体化，且计量学形成一种信任／不信任由社会公信力判断的惯例，它就不再是一种中性的活动，而是与公正的、美好的、人文的多样性捆绑在一起，很可能还带有黑暗面，还涉及不公、剥削和异化。由此人类的生活方式里出现了许多传说，例如，人类以前的生活是多么富于诗意等。公元前 5 世纪，希腊历史学家希罗多德（Herodotus）为我们描绘了早期的这类情景：

> 迦太基人对我们说，他们跟某个族群进行交易，买方生活在翻过力士山之巅的地方，那里是利比亚的一部分。抵达那个国家后，他们将随船载来的货物卸下，一字排开，整齐地码放在沙滩上，然后返回船上，弄出一缕浓烟。看见浓烟后，土著人会走下山，来到岸边。为交换岸上的货物，他们会留下一定量的黄金，然后退到一定距离外。随后，迦太基人会再次来到岸边，看一下黄金，如果他们认为以这些黄金交换他们的货物价格公道，他们会收下黄金，驾船离开；如果情况相反，黄金看起来太少，他们会返回船上等候，土著人会再次来到岸边，添一些黄金，如此反复，直到迦太基人满意为止。①

随着时间的流逝，希罗多德描述的类似情景代代相传，进而还衍生出了不同的版本。那些天真的、尚属善意的故事传播人常常凭借想象描绘原始部落文明（包括美洲原住民和非洲部落民族）缺乏称重和丈量衡器，还解释说，这些是他们天真和纯真的标志。其

---

① Herodotus, *The History of Herodotus*, trans. George Rawlinson, book IV, section 196 (Chicago: Encyclopedia Britannica, Inc., 1952), p. 158.

实，这样的故事总是漏洞百出，或者总是天马行空。在日常生活中，测量方法有很多，尽管很粗糙或者不正规，而且人们心知肚明其中潜藏着滥用现象，但为了各种各样的目的，人类仍会不断地、例行公事般地利用各种方法测量身边的世界。

根据犹太教和基督教所共有的一些传奇说法，该隐发明了称重和丈量度量衡，因而人类不再"无知地和慷慨地"生活，而是被抛进一种"狡猾的诡计多端"状态。①人们常常将测量与潜在的犯罪及罪恶联系在一起。《圣经》将精准测量与公正直接挂钩，传统的公正塑像会蒙着眼睛，举着天平，并有这样的诫命："要用公道天平、公道砝码、公道升斗（原文为 ephah，伊法，一种干量单位，约等于 1 蒲式耳）、公道釜钟（原文为 hin，赫因，一种液量单位，约等于 1.5 加仑）。"这条禁令出自《圣经·利未记》19 章 36 节，是"必须遵从的诫命"之一，违背者会面临传统的惩戒，即死刑。现代欧洲早期阶段，关于应该由什么人控制商业领域和税收领域的度量衡，地方级、都市级、中央级政府部门吵得不可开交，甚至上升为政治斗争，引起社会动荡。数世纪以来，民间的和宗教的管理部门都试图对滥用度量衡进行控制，时不时会有严厉的警告和制裁：比方说，剁掉违反者的手指，或者制定严厉的刑罚。

如今，滥用度量衡的事已经非常罕见。人们定期购买食品，采购纺织品、家具，计划前往火车站，全都有赖于度量衡，人们却不知道亦无从直接知道这些度量衡的精确性。人们该如何确认这个磅秤是否精确，那把尺子是否准确，或者这些钟表是否准时？不用担心，人们对此相当有信心。离开度量衡，当代生活的快节奏几乎是

---

① Flavius Josephus, *Antiquities of the Jews*, trans. William Whiston, book I, chapter 2, section 2, http://reluctant-messenger.com/josephusA01.htm.

不可能的，但人们不需要完全的精确，比方说，某称肉的磅秤每磅的误差大约为半盎司（1/32），某尺子每码差了 1 英寸（1/36），或者，某座钟每分钟误差 1 秒钟（1/60），人们大多数时候不会察觉。关键是，即便由于计量失误蒙受损失，遭到欺骗，人们也没必要因此担忧。人们倾向于信任各种计量活动，如果没有这样的信任，当代生活会像一架缺油的机器那样渐渐停止运作。当代生活中最大的悖论是，人们非常依赖度量衡的精确性，而且还投入了如此多的信任。在当今世界，滥用计量往往会采用与此前完全不同的形式，例如，人们对容易计量的东西反复计量其精确性，计量那些基本上无法计量的东西时——例如智力、幸福、自负、教育质量等，人们反而会投入过多的信任。

近代以来，人们逐渐接受了单一的计量体系，即"国际计量单位统一制度"，简称"国际单位制"。即使少数国家（例如美国、利比里亚、缅甸）没有将国际单位制当作官方计量制，这些国家最终仍需要以国际单位制定义国内计量标准。世界各国非常依赖国际单位制，例如，当今的工程项目大都涉及无数相互关联的部件，它们必须用相同的方法测量，有时候精度必须达到百万分之一，甚至更高。国际单位制的运作由一帮来自世界各国的科学家监管，他们在巴黎郊区拥有中立的地域，借助那里与外界交流，人们却看不见他们的身影。我早已留意到，计量学家喜欢将自己当作毫无个性的人，在主流科学领域之外的某一领域从事着枯燥的工作。本书将要向读者揭示，那些人留存在人们头脑里的固有形象何其错误。随着对计量学研究的深入，就会发现这一领域存在诸多疯狂之举，那些人个性膨胀，富于创造性，这与发生在政治界、音乐界、艺术界的事没什么两样。

围绕度量衡发生的事成了全球化最为壮观的景象之一。很久以前，地球上每个地区分别拥有自己的"正午炮声"，分别拥有诞生于当地资源和当地实践、满足当地需求的计量制。犹如不同地域的本土艺术品、政治制度以及不同形态的文化生活，本土计量制同样呈现出原创性和多样性，当地人对计量的看法和目的也因地而异。不同地域的人们对生存环境的某些方面看得越重——例如西非各国对黄金的看法、中美洲各国对食盐的看法、中国对宫廷礼仪的看法、游牧民族对距离的看法、现代化之前的欧洲对农业的看法，对这些方面的测量也会越精准、越仔细，所用测量方法亦会越专业、越规范。

纵观历史，在很短一段时期内（大约二百年以内），前述所有计量制全都实质性地合并成了一个普遍为人们接受的"度量衡体系"，这犹如整个世界接受了说单一的语言，此事的确令人讶异。这事究竟是如何发生的？本书第二章、第三章、第四章选择了三种计量制，即古代中国的长度度量衡、西非的黄金度量衡、欧洲农耕地区的农业度量衡，借助不同的进化方式观察它们是如何交互影响以及如何演变的。第五章和第六章将介绍公制计量的演进，即公制计量如何渐渐取代了各种地方计量制，成了人们普遍接受的制式。第七章和第八章将讨论计量制的某种回潮，既严肃又搞笑。第九章和第十章将见证追梦自然的、完成统一的度量衡体系如何最终诞生了国际单位制。第十一章将关注涉及计量的各种变化。第十二章将介绍眼下正在进行的对国际计量构架实施的全方位修正，这一构架支撑着全球的科学、技术和商贸；人们还为其加了个标签：自法国大革命以来对这一构架实施的最彻底的检修，这一构架将实现人类延续数个世纪的梦想——将计量单位与"绝对标准"绑定。

国际单位制是个全球大一统的计量制度，创造这一制度，成了人类正在经历的计量领域的剧烈变革之一。直到最近，国际单位制——各种计量体系均如此——依旧有赖于科学家们亲力亲为，随机创造和实体化各种人造标准，例如：用一根棍子作为基本的长度单位，用一块金属作为基本的重量单位。21世纪，这一情况将发生变化，科学家们将要让所有计量——例如长度、重量、时间，以及现存计量制里的其他计量单位——与各种绝对标准维系在一起，这些绝对标准的存在更加广泛，甚至比日出日落更为牢靠。本书第十二章会介绍对世界计量制进行的快马加鞭的划时代改造——将其改造成某种绝对的东西：使其不再与任何具有地方属性的、广泛存在的、没有定数的、来源于自然界的东西维系在一起，而是将其与物理常数绑定。某一把尺子或某一种状态专门拥有一些计量标准的事将不复存在，人们不再将这些标准安置在某个地方，这些标准将存在于人们身边、存在于世界各地，只要手头有合适的工具，任何人都可以拥有计量标准。本书将借助《尾声》阐述计量的意义在当今世界已经发生了哪些变化。

为找到关于度量衡的所有答案，人类必须采取本书《引言》提到的傍海村庄那个孩子的姿态。

第二章
古代中国的尺子和笛子

在中国计量科学研究院（简称"计量院"）的大门外，丘光明耐心地等候着我的到来。那是 2010 年 7 月里的一个上午，天气特别闷热，刚刚 10 点，北京城里的气温已经升到 32℃。缘于内蒙古扬起的沙尘，北京的空气里多少带了些土腥味。由于高温，路人都显得情绪低落。个头不高、活泼开朗的丘光明女士却不然，那年她七十四岁。1976 年，计量院成立了一个小组，由数位历史学家组成。十年前，她退休后离开了计量院。不过，她依然凭借一己之力在研究度量衡的历史。

丘光明领着我上了一辆车，我们一起乘车前往计量院新建的实验室，地点在北京昌平，车程大约一小时。昌平园区 2009 年开放，园区一侧有群山相拥，另一侧是著名的明十三陵，整个陵园借助古代中国度量衡建造。实验室的环境与世隔绝，相对来说，那里远离来自交通和工业的干扰，可以对磁性的、电力的、机械的计量标准从事高精度分析研究。实验室那些依据国际计量单位制精工打造的仪器包括一台全新的"焦耳天平"（即能量天平。——译者注），制造这个仪器的唯一目的是评估"绝对标准"，取代眼下存放在巴黎郊外国际计量局（International Bureau of Weights and Measures，法文简称 BIPM）的人造千克样本，即当今世界通用的、实体化的重量标准。利用焦耳天平连接"质量"和"普朗克常数"是一种全新的方法，除了中国，尚无其他国家进行过这样的尝试。

实验室代表了中国计量的未来。参观完实验室，我们一起前往丘光明家。一路上，她向我讲述了她开始研究中国称重和丈量的原因以及她奇特的经历。1936 年，她生于南京，一年后，日本军队侵略到了那里，随后城里到处弥漫着屠杀、强奸的恐怖气氛，因而她父母逃到了重庆。战争结束后，丘光明全家随着一个亲戚去了湖南，她父亲在《湖南日报》找了份工作，成了报纸主编。后来，丘光明在江苏省苏州学院学习绘画和美术，于 1957 年毕业，之后被分配到天津某学校教绘画。六年后，有人指派她去做一个完全不相干的工作——前往位于北京老计量院原址附近的一家工厂，为计量院制造计量设备。她在那里一干就是九年。

1966 年之后所有研究工作都中止了，丘光明在工厂的工作也终结了。我插话问，在那些动荡的年月，她都做了些什么。她平静地回答："都过去了，不值一提。"

中国计量的诞生

1976 年，一部讲述秦始皇如何统一中国度量衡的电影正在筹备拍摄。长春电影制片厂已经着手撰写脚本，并希望与计量院开展合作。当时的院领导不愿意牵扯其中，毕竟那时社会动荡尚未完全平息，对从前的皇帝展开政治评论是冒险之举，因此那一项目夭折了。不过，因为这段插曲，计量院找来五六个人，成立了一个小组，对中国计量历史展开研究。之前十年，许多研究人员离开了，计量院人手短缺。为补上缺口，当时的院长邀请丘光明参与其中，这不啻为好运从天而降。就这样，丘光明成了计量史研究员。

灼热的阳光穿窗入户，照射进丘光明的小公寓内。她站起身，拉上窗帘，从书架上抽出几本书，翻到有插图的页码，页面上满满都是中国各博物馆收藏的古代长度度量衡的照片。丘光明说，启动对计量的研究时，小组将重点集中在秦始皇身上，以及自那时以来的历史。早在秦始皇之前，称重和丈量在中国已经有了悠久的、让人肃然起敬的历史。在中国，计量最早出现在公元前 3000 年的新石器时期，是为了满足生产活动的需求，维护国家机器，同时也是为了满足古代中国对"治国安邦"的追求。大约公元前 2000 年，在精工制作人工玉制礼器的过程中，谨慎的和系统的测量显然已经派上了用场。[1]最早用于测量这些人工制品的线性量具全都基于人体躯干，尤其是手指和手部。有时候，甚至还用男人的手和女人的手标明差异。[2]源自人体的最基本的度量衡是尺，即脚的长度，由于时代和地域不同，其长度为 16—24 厘米；其次为寸，这一计量单位曾经与手指宽度有关。不过，早在公元前 400 年，人们已经将其设定为尺的 1/10。甚至早在新石器时期，这些计量单位也已经实体化了——并非与人们的脚关联，而是与测量用的棍子关联，因为棍子容易复制。

自新石器时期以来，测量方法的多样性贯穿于商朝（公元前 1600—前 1046）和周朝（公元前 1046—前 256），那是两个年代跨

---

[1] David N. Keightley, "A Measure of Man in Early China: In Search of the Neolithic Inch," *Chinese Science* 12 (1995), pp. 18–40, at p. 18.

[2] Joseph Needham, *Science and Civilization in China*, vol. 3 (Cambridge: Cambridge University Press, 1959), p. 84.

度久远、中央集权程度尚不够充分的朝代。早在商朝，青铜器及其器形上的图案已经受到精确的数学规矩的制约。这些规矩并非仅仅为了比例匀称，甚至也不是为了审美，它们的象征意义非同寻常，反映的是普天下更深层次的均衡。研究中国艺术史的学者罗伯特·普尔（Robert Poor）撰写过一篇文章，论述的是计量在古代中国礼仪中扮演的角色，他说："结构是表达社会层级的要素，其中隐含的宇宙间的道德规范和精神规范极为简单，所有人看一眼即懂。"[①]与此同时，在中国人的生活里，由于技术进步，铜钟的重要性与日俱增。自公元前 1200 年以来，尤其在中国南方，铸钟作坊四处涌现，目的是满足军队的需要，军队要用铜钟演奏军乐和发出信号。随着工匠们不断地尝试改进铜钟的音质，铸钟的形态渐渐变得标准化了。

在周朝，随着中华文明和国家形态的出现，书写用的文字发展到了很高的水平，铁的使用已经非常广泛，包括孔子、老子、孟子等在内的中国的大哲学家们已经开始四处讲学。早在商朝，大小与人体差不多的物件始终都用"尺"作为计量单位，孔子自称身高九尺六寸，他还说，他父亲身高十尺。

也是在周朝，关乎当权者礼仪的宫廷政治和宫廷礼制开始标准化，包括把握分寸十分到位的礼乐演奏，以及"远近和合"的社会规范。[②]当时，钟的使用开始进入朝廷的宗教仪轨，且在新兴的乐理中占据着越来越重要的地位。公元前 800 年左右，铜质铸钟的制作越来越精细、越来越昂贵，册封、祭祀、礼拜等彰显

---

① Robert Poor, "The Circle and the Square: Measure and Ritual in Ancient China, *Monumenta Serica* 43 (1995), pp. 159–210, at p. 180.

② Howard L. Goodman, *Xun Xu and the Politics of Precision in Third-Century AD China* (Boston: Brill, 2010).

礼制以及界定朝廷权威的宫廷典礼开始倚重它们，包括单个的钟和成组的钟。当时的组钟一般分为三枚、四枚、六枚编组，宫廷乐师已经开始探索超越这些编组的音高。早在公元前400年以前，乐师们已经开发出十二音律，这一律制更加提升了编钟礼乐的重要性，因为编钟奏出的十二音调很好地融入了宫廷数理哲学。美国学者霍华德·古德曼（Howard L. Goodman）是研究中国早期历史的专家，他认为"调校准确的编钟，能够向皇帝的臣民和访客展示集权制的和谐，所涉领域包括数字规律、数学完整性、曲调和数字的神秘融合等，所有这一切都突显出'王'的重要性和礼仪的权威性"。

在古代中国，大多数都城都建有钟鼓楼，一是为了报时，二是作为城市规划的地标。不过，演奏程式化的宫廷礼乐要么在皇宫里登堂入室，要么在皇宫外的祭坛上进行，因而它更加密切地深入到了组成宫廷文化的音乐里。人们将当时出现的程式化的十二音律谐音体系称作律吕——这一称谓相当迷惑人，如此严谨、如此缜密的声音系统，竟然用如此简约的名称冠名。它包括两个独特的汉字，这两个汉字偏巧发音相近。迄今为止，考古学家已经发现，许多古代编钟的音调反映的正是这些律吕的音高。人们将十二音律中最低的音调称作黄钟。与典型的西欧传统方式不同，中国谐音系统的音律并非平均分布，即相邻的音调之间频率值并不相同。虽然这一系统也包含排列有序和相对平均分布的十二个音阶，欧洲人听到这样的音律，会觉得它不着调，因为它不是十二平均律，与阿诺尔德·勋伯格（Arnold Schoenberg）的"十二音体系"相左。公元前400年以前，经过数百年的演化，由于地域不同，不同钟组的名称也各不相同。在此期间，恰恰由于人们参照十二音律的律吕对钟进行命名，以及对这一谐音系统进

图 3　1978 年在随州发现的曾侯乙编钟帮助学者破解了古代中国的音律体系

行数字化处理，它们都变得标准化了。1978 年，在中国随州，人们准备在一个山丘修建工厂，推土机平整土地期间，挖开了一个周朝小诸侯的墓，即曾侯乙墓。该墓大约建于公元前 433 年，墓葬里埋藏有大量的钟，并配有乐律铭文，详细解释了各音阶之间的尺度及其相互关系。随着这一发现及其后续研究，人们对古代尺度系统的认知，对该系统在朝廷扮演的角色的认知，都得到了极大的提升。[1]

　　匹兹堡大学的物理学家兼音乐史学家荣鸿曾（Bell Yung）在文章中称，音高在朝廷的"重要性非同小可"，还常常"在制定新礼制时被各派系用于政治斗争"。[2]十二律吕实为十二根管径相等的管子，它们发出的声音是基准音，其作用是为宫廷乐队的琴、笛、歌者定音。十二根调音管用金属制作，实为管壁平直和没有指孔的管乐器，其长度依照宫廷制式的"尺"定制。因而，"尺"——基本

①　Robert Bagley, "The Prehistory of Chinese Music Theory," *Proceedings of the British Academy* 131 (2005), pp. 41–90.

②　Bell Yung, in B. Yung, E. Rawski, and R. Watson, eds., *Harmony and Counterpoint: Ritual Music in Chinese Context* (Stanford: Stanford University Press, 1996), p. 23.

长度单位——与音高可谓难分难解，至少在宫廷里如是。毫无疑问，尺的定义由朝廷说了算，在宫廷以外几乎无人知晓，也鲜有实物存世。

每一种文明都会有一些传奇故事，通过这些故事，人们得以窥探漫长的历史进程，看尽每一段小插曲。人们往往会说，度量衡的诞生与某个神祇或英雄有关，例如：希腊神话说毕达哥拉斯（Pythagoras）为希腊人发明了称重和丈量体系；根据早期罗马文字记载，朱庇特（Jupiter）将它们带给了罗马人。中国也有类似传说，黄帝派了位大臣进山，寻找某种类型的竹子，因为那种竹子各节的长度和管壁的厚度极其规整。黄帝取竹子一节，截其长度为3.9 寸，堵住一端，将其制作成笛子，它发出的音即为黄钟。接着，他又另外制作了十一支笛子，由此创造了律吕 。[1]不过，这一传说毫无疑问与那些有关毕达哥拉斯和朱庇特的传奇如出一辙，同样诞生于那些富于诗意的想象，将复杂的有关重要史实的历史压缩进了单一的事件。

中国第一个中央集权国家出现在公元前 221 年，秦王嬴政征服了其他地方诸侯，自封为"始皇帝"。秦始皇登基后采取的第一个行动是，下旨统一全国的称重和丈量，且下令将诏书镌刻或浇铸在称重和丈量衡器上。中国的称重和丈量第一次统一即始于此。

丘光明对我说，一开始，她参加的研究中国度量衡历史的小组将年代上溯至秦始皇时期，电影项目取消后，研究领域扩大到了覆盖中国计量的全部历史，小组成员们审阅所有能弄到手的关于计量的材料，花费数年时间跑遍中国各地的博物馆，寻找古代人造器

---

[1] John Ferguson, "Chinese Foot Measure," *Monumenta Serica* 6 (1941), pp. 357–382, at p. 366.

物。另外，从 20 世纪 50 年代中期开始，作为当代学术主攻方向的考古学得到了大力推动，包括汉墓、前汉墓、古代器物、古代仪器在内的发现在数量方面有了爆炸性的增长。对所有最新考古发现，小组都必须掌握和搜集相关信息，所涉领域包括经典古籍、古代宫廷礼仪、天体学、音乐、乐器、计量器物等。丘光明感叹道："真是份苦差事！"

秦朝延续时间不长，由汉朝（公元前 206—公元 220）取而代之。汉朝也颁布了关于称重和丈量的法令，还开发了磅秤和其他计量器具，例如测量圆形物体的卡尺。汉朝中期，一个名叫王莽的朝廷重臣掌握了国家权力，随后统治国家十多年。丘光明将王莽时期评价为"一个短暂而重要的阶段"。历史上对王莽的评价很复杂——一些人认为他是个改革家，另一些人认为他是个篡权者和暴君，不过他"对计量的贡献值得肯定"。正是他倡导了由朝廷创建和保存完整的称重和丈量文献，使用铸铜计量仪器，这后来成为中国的传统做法。自此以后，每一朝开国皇帝都会下令，由当朝学者和技师审视现行计量情况，确保其与古代或前朝计量方法保持一致，这常常会导致新的称重和丈量方法。这一做法贯穿了将近两千年的中国历史，从未间断，并且由学者和技师将情况如实载入史册。

在汉代，数字命理学和数学在宫廷学术领域已大放异彩。在关乎朝廷礼仪的学术著作中，人们反复提及数字命理学。最终，数字命理学在诸如律吕各调间的和谐、天体运行轨迹以及历法之间建立了量化关系。为确保朝廷礼仪合乎正统，宫廷乐器的音调必须调校准确，这变得越来越重要。

准确的音高来自定音管，而定音管的制作必须符合经典古籍规定的长度，因而朝廷确定的容积量与黄钟也扯上了关系。《汉书》这一书名的字面意思是"汉朝历史文献"，是一部记录朝代历史的重要作品，它借用小米粒的数量规定"尺"和"容积量"：用一定量的小米，将其并列，等于黄钟的长度，用一定量的小米充填其内部，等于容积量。公元前3世纪到公元前2世纪，中国有好几部作品明确提到，黄钟的长度为九寸。将90粒黑小米并列，即为一尺，充满这一长度的容积需要用到1200粒黑小米，充满一根黄钟定音管的黑小米的量等于某一重量。同样是在汉朝，基于这一方式，计量与礼仪活动密切地关联在了一起——其中包括朝廷的宗教制度、朝服和饰物的图案符号、观天仪式、律吕乐理学等。在任何领域实施变革，若是没有考虑到其他领域的跟进情况，根本无法推动。

我问过丘光明，她的研究是否涉及对这些定义的探索。她回答："那当然！"仔细阅读经典古籍，按照书里所说进行计算，完成各种数学方程式，核实现有的人工制品，再现古人的做法，这些

图4　中国计量史学家丘光明手持一把镶嵌黑小米粒的木尺

　　　　　　　　　　度量世界

都是她的计量史小组从事的研究工作的重要组成部分。说着，她走进书房，去找什么东西。返回时，她抱来一捆木棍，都是 20 世纪 90 年代她在计量院工作期间制作的，每根木棍的长度约为 1 英尺。她在每根木棍上刻了个槽，且依据《汉书》所说，用中国汉朝时期生长的那种黍米，取其"平均"值，将黍米充填进凹槽里。如今的计量学家认为，汉朝的"尺"大约相当于今天的 23 厘米，制作尺要用到 90 粒到 112 粒黍米不等。丘光明那一捆"尺"的确符合这一长度规范。

宫廷计量学是由朝廷中的学者设定长度和重量标准，但这些标准并不总会应用到宫廷外的城市里和农村地区。在有集市的地方，在买入和卖出过程中，让商人和工匠数米粒和称米粒，他们肯定不乐意，因此他们宁愿使用随机创造的度量衡。不过，这些随机创造的度量衡极有可能与朝廷定义的度量衡有某种宽泛的关联，这与如今人们想当然地以为市场流通的度量衡与官方标准或多或少有点关联如出一辙。在国家疆域内，由朝廷定义度量衡，是宫廷礼仪的重要组成部分。古希腊人认为，如果计量范畴内的各部分的关系十分匀称，计量就有了特殊的精神意义。对古代中国人而言，计量同样具有特殊的意义，只不过层面截然不同：它具有社会的和文化的含义，与之相关的是形而上的观点、经典的著述、人造器物等。傅汉思（Hans Vogel）是德国学者，他研究的是古代中国，中国人将"度量衡标准科学"和"度量衡标准应用"置于宫廷礼仪背景下，正是这一点促使他用"度量衡研究"一词做起了文章。

"修律"的政治

274 年，一个名叫荀勖的朝廷官员试图对"尺"做小小的改变，他的尝试最终失败。不过，这次尝试的辐射效应让人们看清了计量学、乐理学、政治学在朝廷中的错综复杂的关系。这段历史成了古德曼笔下的主题，其作品名称为《荀勖和 3 世纪中国的修律政治》(*Xun Xu and the Politics of Precision in Third Century AD China*)。[1]

荀勖出身于官宦世家，是名门望族。220 年，洛阳成了魏的都城。荀勖是当朝音律学家，掌管朝廷典籍，他的一双耳朵对音乐极其敏感。有个以讹传讹的故事：荀勖某次前往北方时，听到过一种牛铃音，之后他意识到必须再造那种声音。他派手下人从魏朝都城前往北方收集牛铃，功夫不负有心人，他终于找到了数十年前听到其声音的那只牛铃。

265 年，魏帝曹奂禅让，司马炎建立西晋。荀勖因而成为晋朝的核心人物，还成了一个雄心勃勃试图影响朝廷的继位制的派别的领导成员。当时荀勖试图通过某些带政治意图的技术改革施加他的个人影响。他曾任"尚书令""领秘书监事"数职。大约 270 年，荀勖的一个兄长召他进宫，对新王朝的乐事进行改革。这是常规之举，历朝历代新君继位都会下令对所继承的典礼制度进行学术论证，以确保正确性；同时，这也是借助"正确的导向"确保政治方面的合法性，这一点至关重要。大多数做到像荀勖这种官位的学者只会对此进行微调，但荀勖志向高远，对抱残守缺特别反感。他对礼仪中的韵文进行了重大改革，这遭到当朝其他官员的反对。不过，荀勖从美学理论（改革后的吟诵听起来更美）和尚古理论（这正是古代周朝先贤们极力推崇的方法）两方面给予回应。这种改革虽然是在音乐领域，但其实是政治之举，隐含的意思是：前朝统治

---

[1]　Goodman, *Xun Xu and the Politics of Precision in Third Century AD China.*

者的做法不合规矩，继续沿用难以服众。

荀勖推动了音乐和计量两个领域的改革。274 年，他发现了一套库存的调音管，当时人们将其称作律管，前朝的宫廷乐师用其为宫廷乐器定调。大多数当朝学者都是直接使用从前朝继承的调音管，在经典古籍中查阅其使用方法，参照古法使用。荀勖不然。他把古代的律管与当朝用的律管放在一起进行比对后发现，古代律管的音高稍微低了一些。他收集、鉴定和比较了各朝各代的标准，发现如今的宫廷乐器严格来说都走了调，因为古代的"尺"在汉朝最后数十年已经不成比例了——与之前相比，其实际长度增加了。他认为，"前朝对古物的调查没做好，这是对先贤们的大不敬，也没有为后人创造好的制度"[①]。

古德曼将荀勖的崇古策略称为"盲从周朝"，这样的称谓源自西方的口头语"盲从古代神话"。早期新教学者盲目地认为，只要接受《圣经》式的纯正的宗教体系，定能改造世界，让人们过上幸福的生活，继承过去的同时也可以迎接开放的未来。古德曼同时指出，判断西方宗教是否正统，"完全基于基督（或者使徒保罗，或者教皇格里高利一世）吟诵赞美诗的音高是否标准，而音高的判断标准是用以某种解释不清的方法重建的管子、喇叭，或是某一长度的弦为标准。或者更抽象点说，是用一种更为夸张的、让人难免想起'高精度测音仪'的东西"[②]。与 16—17 世纪的欧洲不同，荀勖的策略是让朝廷对当前的政策也持批评态度并进行修正，崇尚远古时期的"纯真"。

荀勖位高权重，这让他得以延揽一批训练有素的人才。他下令

---

① Goodman, *Xun Xu and the Politics of Precision*, p. 242.

② Ibid., p. 211.

制造了一把新的标准铜尺，长度大约为今天的 23.1 厘米，这比当年存世的汉朝末期的尺以及魏朝仿制的尺短了大约 1 厘米。这一点影响到了计量学家、独立的税务部门和商务部门的官员们的利益。幸好当年魏朝与周边国家没有重要的贸易往来，因为改变度量衡会对此种贸易产生不利影响，此种贸易的存在也会阻碍度量衡的变革。古德曼认为，荀勖改变长度标准是他的标志性成就，"对古已有之的标准进行程式化探索"[①]。这就好比美国国家标准与技术研究院（简称 NIST）以及美国官方计量机构坚持让美国政府使用 18 世纪末期开国元老们在费城使用的英尺、英寸、英磅，以此提升自身的政治形象。

荀勖推动的变革证实了魏朝的确在礼仪方面犯了错误，这强化了新政权的合法性，因此晋朝皇帝乐见新度量衡的推广使用。在权力斗争、政策制定以及各王府为控制朝政相互倾轧方面，荀勖对度量衡的改造也起到了推波助澜作用。可是，生活在农村地区的人们已经习惯现行的度量衡体系，拒绝接受变革。

需要注意的是，荀勖仅仅将源自古代的新调音系统应用到了宫廷礼乐领域，并未涉及乐府领域。"乐府"本是汉武帝设立的音乐机构，用来训练乐工、制定乐谱和采集歌词，后来"乐府"成为一种带有音乐性的民间风格的诗体名称。魏朝时期，这种音乐就特别流行，在宫廷高墙内也越来越受欢迎。古德曼认为，乐府进入宫廷后应该遵循新的音律，这种流行音乐既然登上大雅之堂，就必须接受朝廷的管控。他说道："荀勖的各项新标准并未应用到朝廷的布庄、铸币坊以及其他作坊，这些地方不需要'盲从周朝'式的变革。作为计量的'工头'，新尺度在宫廷礼仪和宫廷祭祀领域起到

---

①　Goodman, *Xun Xu and the Politics of Precision*, p. 176.

图 5 吹笛子的彩陶男俑，出土于四川
地区发掘的古墓，时间为 220—265 年

了主导作用。"[1]

在乐律改革方面，荀勖依据新尺度制作了包含十二根调音管的调音器，用其校准为宫廷乐队定音的笛子。这些有数百年历史的笛子种类繁多，用竹管制成，竹管两端均为敞口，分为五音阶和七音阶两类。利用某种类似数学运算方式的算法，借助新尺度以及衍生的音高调音器，荀勖调整了笛子的指孔间距。那种算法虽然无法解决平均律的问题，却用律吕完美的谐音系统解决了真实乐器的音质和音高问题。

20 世纪 80—90 年代，中国音乐考古学家王子初广泛研究了荀勖的笛子指孔分布体系，他利用一种名为"闪光频谱测音仪"

---

① Goodman, *Xun Xu and the Politics of Precision*, p. 196.

的电子音高测量装置对比了两类声音，一类为按照指孔间距平均分布打造的管子发出的声音，另一类为按照荀勖的算法和古代笛子设计方案打造的管子发出的声音。[1]王子初对探索"末端校正"（end correction）怀有特殊的兴趣。事实上，每当压力波作用于从指孔溢出的声波时，基础音高的构成会发生变化。王子初想弄明白，荀勖是否对此做了修正。古德曼刚刚投身此事业时，曾经在纽约的茱莉亚学院从事音乐研究。埃德蒙·利恩（Edmund Lien）以前当过工程师，后来转行到华盛顿大学，成了中国文学专业的研究生。2008年，二人携手对王子初的研究成果进行分析。他们认为，3世纪时，荀勖尚无法掌握"末端校正"这一物理现象（当然，一些中国学者对此持有异议）。后来，众多音乐学者无人涉足这一领域，直到10世纪时穆斯林哲学家和科学家阿布·纳斯尔·阿尔·法拉比（Abu Nasr al-Fārābī）才开始涉及。荀勖当年没有涉足平均律，他全力探索的是通过他那套算法观察类似"数字命理学"的律吕系统在多大程度上能适应实际演出的需求，适应利用半音阶演奏不同音调的需要。古德曼和埃德蒙·利恩首次提出，中国宫廷乐队拥有的"笛子能奏出多种符合礼仪音高标准的音调，因而足以应对各种调式变化和音调变化"。由于观察细节时一丝不苟，荀勖在一定程度上将中国的宫廷音乐带入了"真实的物理世界和声学世界"[2]。

荀勖在计量领域的改革没有得到延续，他拉帮结派的喧嚣与朝廷政局也格格不入。他本人被批学术品格不端，审美方面也存

---

① 王子初：《荀勖笛律研究》，人民音乐出版社，1995年。

② Howard L. Goodman and E. Lien, "A Third Century AD Chinese System of Di-Flute Temperament: Matching Ancient Pitch-Standards and Confronting Modal Practice," *The Galpin Society Journal* 62 (April 2009), pp. 3–24.

在缺陷。他提高笛子的音调也招致炮轰，被迫离职，调到一个对计量学和乐理学没有管辖权的位置上。考古学证据显示，在一代人的时间里，或者在荀勖死后，在许多领域"尺"的标准长度增长了。在改变朝廷"尺"的长度方面，荀勖的影响延续时间很短。尽管如此，古德曼、傅汉思、王子初、埃德蒙·利恩以及其他人的研究足以揭示，3世纪时长度度量衡的易变性及其对音乐器物的依赖性是互相影响的，这一点在中国历史上延续了很长时间。

在中国，音律学、计量学与宫廷政治之间相互作用，这种关系持续了千年以上。历史上，中国一直远离导致其改变现行制度的外国压力。明朝时期，郑和率领由上千艘舰船和成百上千位工匠组成的无敌舰队先后穿过东南亚和印度洋，以此扩大中国的国际影响力。令人失望的是，除了原材料，郑和到访的那些国家几乎没有拿得出手的东西。"出于同样的原因，美国终止了送人登月。"杰克·戈德斯通（Jack Goldstone）说，"投资这样的航天项目，换不回任何东西，这么做不值得。"①中国长期以来形成的计量传统无法在历次微不足道的海洋贸易中发扬光大。直到清朝末期的两次鸦片战争之后，中国的计量体系才遭遇严重的外来干扰。

自1981年以来，直到20世纪90年代，丘光明的小组出版了很多著作，发表了很多文章，记录了古代中国的称重和丈量方法，以及引入公制计量的历史。1992年，他们发表了一份内容广泛的

---

① Jack A. Goldstone, "The Rise of the West—or Not? A Revision to Socioeconomic History," www.hartford-hwp.com/archives/10/114.html (accessed May 4, 2011).

调查报告。[①]随后，计量院的计量史小组成员们一个接一个地退出或者退休。对此，丘光明解释说：“这个项目条件艰苦且收入微薄。院里其他人看不起我们，因为我们的研究不属于自然科学，我们研究的都是文献和古旧的东西。如今，人们都想在实验室工作，手头有高技术装备和现代设备，人们对历史都没有兴趣。”很快，研究中国度量衡历史的人只剩下了丘光明一人。1999 年，她退休时，这个项目后继无人。

丘光明为什么仍在坚持？她说：“我不需要奢侈的生活，现有的足够我吃，足够我穿，但我有个强烈的愿望，但凡做事，要做对的。”在她看来，成为古代中国计量学学者，去探索那些独一无二的古物、色彩斑斓的人物、令人叹服的故事本身就是令人激动的、值得投身的事业。

---

① Guangming Qiu, *Zhongguo lidai duliangheng kao,* 1992. 其他关于中国度量衡的书包括：关增建的《中国近现代计量史稿》，山东教育出版社，2005 年；郭正忠的《三至十四世纪中国的权衡度量》，中国社会科学出版社，1993 年。

　　　　　　　　　　度量世界

第三章

西非：黄金砝码

中国古老的计量活动在世界史上可谓独一无二，而且延续很久，因为这个国家"不事远图"；而且，与周边国家相比，它的发展实在太超前了。全世界共有三种计量活动，其中一种起源于西非。常有外国商人光顾那里，当地的计量可以和外国商人的计量活动和平相处，因此得以延续很长时间。

乔治·尼安戈兰－布瓦：黄金砝码
犹如阿坎人的百科全书

1959年，乔治·尼安戈兰-布瓦（Georges Niangoran-Bouah，1935—2002）还是个来自西非的学生。为了完成论文，那时的他正在巴黎人类学博物馆撒哈拉以南非洲分部做调研。遥想当年，成为年轻的非洲知识分子，是一件让人热血沸腾的事。当时，非洲独立运动方兴未艾，加纳刚刚成为撒哈拉以南地区第一个获得独立的国家，很快将有十多个国家紧随其后，包括尼安戈兰-布瓦的出生地科特迪瓦。当时，博物馆收藏有各种铜质砝码，当时的分部主任邀请尼安戈兰－布瓦为其编纂展板说明。试想一下，这位年轻的学者当时会有多么惊讶啊——研究非洲的学者绝不会认为，这东西能排上热门专业榜单。[①]当时人们已经废弃了那些砝码，那个国家流行的是大英帝国的英制称重和丈量体系。

利用黄铜铸件厘定少量黄金的重量，是阿坎（Akan）族群的做法。阿坎人分布在加纳、多哥、科特迪瓦一带，他们在西非的存在至少可以上溯到两千年前。大约在 14 世纪，他们利用金沙作为货币，发展出了繁荣的商贸经济。他们的黄金最早来自从河床或海岸淘来的金沙，以后又来自采矿。欧洲人将这一地区称作"黄金海岸"即来源于此。在商店里和集市上，阿坎人利用秤和其他附件小心翼翼地称金沙。非洲最早的砝码用的是种子、石头、陶器等。中世纪时期，穆斯林商人的大车队开进了这一地区，阿坎人模仿他们的做法，开始使用形状为立方体和圆柱体的、铸造简约的伊斯兰风格的金属砝码。1471 年，第一批欧洲人到来，首先是葡萄牙人，随后是英国人、法国人、荷兰人，他们带来了不同类型的砝码。阿坎人装饰砝码的形式越来越丰富多样，不仅包括复杂的形状和多面体，还包括动植物、野兽、人、工具、鞋子、家具等。猫、秃鹫、猫头鹰等少数几类动物经常出现在宗教和神话里，因而没有成为砝码上的装饰，其他作装饰的动物形象差不多都来自允许捕猎的动物。阿坎族每个家庭的主人都有一口袋（阿坎语称为 futuo）这样的砝码以及一堆工具，用于计量黄金。每个铸件都是独一无二的，其设计、造

①　On Niangoran-Bouah, see K. Arnaut, "Les Hommes de Terrain: Georges Niangoran-Bouah and the Academia of Autochthony in Postcolonial Côte d'Ivoire," *Kasa Bya Kasa, Revue Ivoirienne d'Anthropologie et de Sociologie*, no. 15 (2009); Karel Arnaut and Jan Blommaert, "Chthonic Science: Georges Niangoran-Bouah and the Anthropology of Belonging in Côte d'Ivoire," *American Ethnologist* 36, no. 3 (2009), pp. 574–590.

型、形象与铸件自身的重量毫无关系。从 15 世纪开始，直到大约 1900 年，西非地区的人们制作了上千万个黄铜铸件，如今西方国家各个博物馆的抽屉里都塞满了成千上万件。铸件里还有诸如长枪、大炮、舰船、锁具、钥匙等造型，这显然是受了西方近代思想的影响，但对力求纯粹的非洲学者们来说，这让他们感到特别尴尬。

尼安戈兰 - 布瓦是个志向高远的青年学者，在他眼里，这些铸件不过是一些不起眼的小玩意儿，很难说它们会比手镯上的符咒更有意义。实际上，教授派他去干这么微不足道的杂务，他心里很不满，因为关于非洲文化的其他方面——诸如传世奥秘、精神力量、特殊法规、新兴哲学以及非洲与西方的区别等——都更与非洲眼下正在经历的巨变息息相关。不过，尼安戈兰 - 布瓦还是潜下心来进行研究。他阅读了一些欧洲人类学家的著作，沿用了他们的方法进行研究。他提出了几种假设，以问卷调查的形式，询问了他的同胞，但那些人的反应让尼安戈兰 - 布瓦着实困惑不已，由于贫穷，他们没有动力参与调查，他们回答问题倾向于实用主义，极有可能都是冲着钱来的。更让他不安的是，他们声称弄不懂他究竟在说什么，他们还用对付白人游客的方式对待他，这让他非常生气。后来，他在文章里自我开解说："对于需要在欧洲最著名的图书馆和博物馆里花费数年时间研究的学术，那些目不识丁的人有权利对此进行非难吗？"后来，他逐渐意识到其实这一切是因为他自己表现得像个白人游客，所以他必须抛弃自己身上内在的欧洲行为方式。[①]

---

① 尼安戈兰 - 布瓦意识到："成为科技调研员的研究对象前，任意一个特定社会的文化要素仅仅为该社会的成员们而存在。"因而，他必须改变研究计划："在这些要素的原始状态中寻找其本真。"(Georges Niangoran-Bouah, *The Akan World of Gold Weights*, 3 vols. [Abidjan: Nouvelles Editions Africaines, 1984], vol. 3, p. 12.)

学习当地语言，让尼安戈兰-布瓦获益匪浅。欧洲人将阿坎语词语"yôbwê"（卵石或石块）直接翻译成了"砝码"，后来尼安戈兰-布瓦认真听取了当地人的解释。他在文章中称，"砝码"是个欧洲词语，它的意思是"某计量体系的一个组成部分，用于确定其他物体的质量。在人们的观念里，它只属于某个计量制，由于规矩使然，它不会有其他功能"。尼安戈兰-布瓦接着说："'yôbwê'在阿坎语里的意义却宽泛得多，人们可以拿它当度量衡用，同时它还有其他功能。"作其他用途时，人们会拿其他说法称呼它。比方说，dja-yôbwê 是一种石头，它蕴含的内容与阿坎人的文化传承有关；sika-yôbwê（黄金或白银卵石）是一笔钱；ahindra-yôbwê（谚语卵石）的意思是有思想的石头；nsangan-yôbwê（罚款卵石）是交罚款或交税用的石头；ngwa-yôbwê（赌博卵石）是玩游戏时用的暗号，也用于解释隐含的意思，凡此种种。[1]在西方学者眼里，这些都被当作砝码；但尼安戈兰-布瓦认为，严格说来，这些根本不是西方意义上的砝码。西方商人将过秤当作简单的交互活动，在这一过程中，人们用一个物体与某个仪器共同作用，使其有个数值，与另外一个物体的某种特性相互关联；而阿坎人将过秤当作复杂的社会活动，在这一过程中，黄铜铸件需要和一整套装置同时使用，铸件更像是作价的标准，它们的重量代表一定量的金沙，可用于交换税费、罚款、服务、交换货物以及其他活动，详见下：

> 对接受过西方教育的科研人员来说，只要提到天平以及放置在天平秤盘上的金属，他们脑子里就会浮现称重，或对照另一块

---

① Niangoran-Bouah, *The Akan World of Gold Weights*, vol. 1, pp. 42–43.

金属确定秤盘上那块金属的价值。对阿坎土著人来说，天平、卵石、勺子、金沙等，所有这一切涉及的都是对金钱进行估价。正因为如此，存在于欧洲和非洲之间的唯有误解，唯有"聋哑人之间的对话"。[①]

阿坎砝码的形状与价值之间没有关联，也不存在"绝对重量值"。欧洲研究人员试图找到阿坎砝码和某些自然标准——例如种子或者浆果——之间的关联，一直未获成功。"阿坎商人们易手黄金时，没必要关注其准确重量。"研究非洲的学者阿尔伯特·奥特（Albert Ott）在文章里称，"试图为现存金衡建立精确计量制的科学家必定会走进死胡同，谁都不可能找到一套与准确的数字当量对等的砝码。"[②]

尼安戈兰-布瓦不明白，见识过欧洲人更为精确的金钱系统和称重系统后，阿坎人为什么不依葫芦画瓢，毕竟他们可是了不起的模仿者啊！相比于阿坎工匠手工制作的一个个形态各异的铸件，西方风格的硬币和砝码都是统一形制，当然更容易制作。而且，西方硬币更容易携带，而铸件需要和其他附属物——包括秤、筛子、秤盘、勺子、除灰的羽毛，以及精心制作的、社会意义复杂的称重体系的各种部件一起放在口袋里携带。最后，对孩子们来说，西方钱币系统更容易理解和掌握，而阿坎人的金沙货币系统过于复杂，如何使用这一系统作为启蒙教育甚至是成人礼的组成部分。

尼安戈兰-布瓦认为，阿坎人拒绝改变黄铜铸件，说明这对阿

---

① Niangoran-Bouah, *The Akan World of Gold Weights*, vol. 1, p. 43.

② A. Ott, "Akan Gold Weights," in *Transactions of the Historical Society of Ghana* 9 (1968), p. 37, quoted in *Equal Measure for Kings and Commoners: Goldweights of the Akan from the Collections of the Glenbow Museum* (Calgary, Canada: Glenbow Museum, 1982), p. 25.

坎文化非常重要。一开始，他把那些铸件斥之为古董，后来发现它们实则是揭开阿坎社会及其构架基本运作方式的关键。在不同的博物馆里展出的各种铸件、礼仪面具以及其他物件，成了窥探阿坎文化本源（包括它的法律、金融、商业、教育、数学、哲学、文学、休闲、宗教、神话等）及其与西方区别的有价值的窗口。尼安戈兰-布瓦以毕业论文为基础写了一套书，分为三册出版。为便于西方读者理解，他罗列了许多实例，解释阿坎砝码体系的运作方式。他还编写了一出"话剧"，其中有阿坎人用现金支付的场景：有人借了一笔钱，然后用一定量的黄金偿还。借助这一场景，尼安戈兰-布瓦得以向读者展示阿坎地区当年的社会背景，买卖双方的协商过程，称重在其中扮演的角色，以及其他有关事项。[①]

尼安戈兰-布瓦的论文里有个生动的故事（有可能是杜撰的），说的是欧洲水手们第一次看见阿坎人的黄金以及他们使用铸铜塑像的情景。他笔下的故事发生在 1471 年，地点在西非伊西亚地区，当时前去拓展贸易的葡萄牙水手们看中了一位酋长佩戴的黄金饰物。一个水手打算用自己的手枪交换黄金，酋长却拒绝了。水手一再坚持，死乞白赖，甜言蜜语，滔滔不绝，始终不肯放弃。眼看奇怪的白人做出各种滑稽动作，陪伴酋长的谋士们开怀大笑起来，他们让酋长拒绝对方。酋长想了想，掏出一个青铜色的盒子，里边装着金粉和铸铜塑像，当然还有秤和勺子。为计量出合适的黄金，他挑选出一个名为"奥迪阿卡"（Odiaka，阿坎语的意思是"吃即终结"）的塑像，其实是个嘴里叼着一条鱼的鳄鱼。酋长将"奥迪阿卡"放在秤盘上，所有谋士立刻噤声了。酋长用勺子小心翼翼地往

---

① 尼安戈兰-布瓦于 1972 年 10 月向巴黎大学楠泰尔文学院提交了一篇有深度的论文，标题为《阿坎文明中各民族的黄金计量砝码》，后来，这篇论文成了三卷本巨著《阿坎社会的黄金砝码》的基础。

秤盘上舀金沙时，谋士们目瞪口呆地站在一旁静观，几个白人则兴冲冲地开始凑钱。完成称重后，酋长将金沙包进布里，将其递给水手。尼安戈兰 - 布瓦解释说，鳄鱼是强者的象征，即象征着占上风的人。酋长的同伴们知道，这是在告诫他们那些葡萄牙水手是致命的威胁。"吃即终结"的意思是，一旦让鳄鱼咬在嘴里，世界上没有任何东西能让它松口。通过恰当地选择铸铜塑像这一无言的举动，酋长是在暗示自己人，因为如果他明言拒绝，带武器的白人一定会不达目的誓不罢休。酋长等于在说，他没有选择，必须尽可能用一种有尊严的方式完成交易。尼安戈兰 - 布瓦在书中说道：

> 眼看就要得到黄金，欧洲人乐在其中。他们完全不知道，用一根绳子将天平吊在左手大拇指上，利用原始砝码称黄金的伊西亚老人正在向本族兄弟们诉说着什么。旁观的非洲人开怀大笑的声音，以及随之而来的安静，与白人的毫不知情形成了鲜明的对照。由于双方隔着深深的海湾，通过各自的行为方式，双方的区别以令人震惊的方式突显出来。那些现场见证人代表着不同的种族、不同的文明、不同的世界。双方需要做生意，然而双方的人却无法相互理解……这一场景说明，人世间存在两种不同的表达方式：白人的表达方式为书写，即文字，在平面上用图形标记，用符号表示，非洲人则用实物塑像表示。[①]

学者们始终都在批评尼安戈兰 - 布瓦夸大铸件的象征意义，夸大它们所扮演的文化角色，但他的这种态度可能是基于这样的现实：经过数百年殖民，诸多列强国家仍然把阿坎本地人的习惯斥之

---

① Niangoran-Bouah, *The Akan World of Gold Weights*, vol. 1, pp. 22–25.

为野蛮，甚至斥之为不开化。尼安戈兰 - 布瓦声称，虽然阿坎人的称重和丈量系统与西方人不同，在文化上却是平等的，各种砝码内含"阿坎学问"，相当于"另一个世界的另一种百科全书"；如今人们习惯于认为，它们等于过度改编的阿坎人的《圣经》。①后来，尼安戈兰 - 布瓦在其做学问的过程中宣称，与其他语言一样，西非人的击鼓也是一种语言，可以将其当作一门新兴科学加以研究。他将其称作"击鼓学"，人们指责他多管闲事。

不管怎么说，尼安戈兰 - 布瓦的所作所为帮助非洲学者们开启了研究西非文化机制的新高潮，他自己却是通过研究他的同胞如何计量走上了这条路，而且是以最出人意料的方式被人推上了这条路。1982 年，诺贝尔奖获奖作家维迪亚达·苏莱普拉萨德·奈保尔（Vidiadhar Surajprasad Naipaul）访问西非之际，拜访了这位如今声名在外的非洲学者，他通过刊登在《纽约客》杂志的一篇长达好几个版面的文章扬名海外，当时他已经是科特迪瓦阿比让大学的人类学教授，作家注意到，教授的办公桌上摆放着许多收集来的黄金铸件。

汤姆·菲利普：阿坎人塑像形态的黄金砝码

英国画家和雕塑家汤姆·菲利普（Tom Phillips）从一个完全不同的角度鉴赏阿坎人的黄金砝码。1970 年，当时还是青年艺术家的菲利普已经拥有数个非洲木质面具。他在伦敦一家画廊看见一个待售的砝码。"那是一条鱼———一条鲶鱼———一条圆滚滚的、浑身都是雕刻的鱼。为了女儿，我把它买了下来。"讲述这些时，菲

---

① Niangoran-Bouah, *The Akan World of Gold Weights*, vol. 3, pp. 315, 318.

利普用的都是短句子，而且充满激情，"女儿从未得到那条鱼。我反复看那条鱼，自问道：为什么是条鱼？为什么是那条鱼？它是干什么用的？它的样子多漂亮啊！"后来，他买了又买。为寻找更多砝码，他访问了西非，如今他拥有大约 4000 个砝码，他时不时还带着它们参展。菲利普估计，在寻找过程中，他亲手倒腾过的砝码数量得有 100 万个——这一数字占六个世纪以来砝码生产总量的相当大的一部分；他翻遍了伦敦卖家的抽屉，以及非洲的商店和大集市。他把名下那本 188 页的《非洲金衡：1400—1900 年的加纳微雕》（*African Goldweights: Miniature Sculptures from Ghana 1400–1900*）称为"赞美诗"。①

2010 年 10 月 5 日，我和菲利普在位于纽约的一家餐馆见了面，那地方离一家画廊不远，他的一些富于活力和具有创造性的绘画、雕塑、合成媒体作品即将在那里展出。尽管他在收集阿坎砝码方面投入了大量时间和精力，至少在我眼里，他的作品与阿坎砝码几乎没有明显的联系，只有一件雕塑作品除外——那是个像游戏板一样的平面，平面上有各式各样的人物形象。我问道，阿坎砝码是否影响了他的艺术创作。菲利普很给我面子，听到我的问题，只是用鼻子"嗤"了一声。我当即明白了，不该提这么外行的问题。"周围的一切都会影响艺术。"他回答，"当然，艺术都有共同点。正是生活中的愉悦让我关注到了这些砝码。"

那共同点又是什么？"砝码制造者们热爱生活，喜欢找乐子，他们做这事不是为了青史留名，也不像丹·布朗（Dan Brown）一类，想弄出个《××密码》，他们最多只会扪心自问一下，'造个

---

① Tom Phillips, *African Goldweights: Miniature Sculptures from Ghana 1400–1900* (London: Hansjorg Mayer, 2010).

什么新东西才会给人们带来欢乐？'"菲利普说道，"阿坎工匠们也有非常功利的借口赞美身边的世界。"在六个多世纪的时间里，这种赞美冲动经由工匠们的想象和精湛的技艺将阿坎人生活中的大多数特点融进了砝码。在《非洲金衡》一书里，菲利普是这样表述的：

> 没有计划，没有初衷，他们最终建成了包揽社会方方面面的综合性的三维百科全书，包括各种产品和行为、各种人物和角色、数量庞大的动物和鸟类，所有造型都栩栩如生，打造的东西代表一切，从身穿盛装的最庄重的酋长到挖土用的最简陋的工具，什么都有。19世纪，这种偶发的和通过集腋成裘的方式发展起来的产品在实际使用中没有集中在一个地方流通，实际上分散到了整个地区每个家庭拥有的砝码包里。[①]

菲利普接着说，许多欧洲人——甚至许多非洲人——特别希望发现阿坎人隐藏在各种砝码里的形而上的意义和神秘的规则，但阿坎人没有往砝码里隐藏任何东西。他还告诉我，热心的收藏家总会试图在砝码的外形和重量值之间找到某种关联，一直未获成功。他说道："人们投入了上万小时，碰了一鼻子灰！"他认为，铸件的重量值与数字产品或数学产品没有任何关系，"重量值源于人们就两个极不相干的物件的一致性、增值性、近似值进行的一系列交涉，而那些物件往往与不同的重量习俗以及伊斯兰的和欧洲的天平有关"，这一点再清楚不过了。

我发现，菲利普看待那些物件的态度类似于"越来越过时的

---

① Tom Phillips, *African Goldweights*, p. 97.

欧洲殖民主义者那样的态度",并因此感到快乐,丝毫没有流露任何歉意,可他并不是一窍不通的门外汉。作为艺术家和鉴赏家,他的经历使他和阿坎艺人之间有着天然的亲和力,足以跨越显而易见的、令人瞠目的文化鸿沟。他在文章里称,让人难以置信的是,"质量如此高,如此精工细作的物件,金匠在制作过程中竟然没有融入骄傲的情绪,买方竟然没有时不时感到喜出望外,这说不过去。即便在当地文献里找不到鉴赏类的词语,只要具备审美和艺术洞察力,此类骄傲和满意就会有基础"①。

　　菲利普用数个段落描述那些物件经过何其缜密的规划,何其精细的制作,何其倾情的浇铸,这展示出他作为艺术家的素养。人们将这种方法称作"失蜡铸造"流程。从一开始,模具就是想好了的,每个小部件分别制作,然后组装到一起。如果制作的铸件是人物,需要用到二十个独立部件:"一双胳膊、一双腿、脑袋、脖子,甚至包括两瓣屁股、一对乳头、一个肚脐,将它们安装到一个躯干上,每个活动部件都需要用手指小心翼翼地按压住,同时还要用到热金属针。"菲利普接着记述说,经验不足的艺术家好比"一个试图按照想象将各种小线头和各种柔软的蜡珠放置到位并固定住的人,正当此时,拇指和其他手指都变大了,犹如《小人国》里的格列佛"②。在赤道带炎热的气候里,动作必须快,不然,在完工前,那些小部件都会垂下来。如果说制作蜡人的工序已经够复杂了,浇铸则是更加复杂的过程。为制作模具,人们用黏土将蜡人小心翼翼地包裹起来,同时埋下细小的蜡线,也即连接蜡人的所谓的注入口,蜡可以通过它倒出来,金属可以通过它倒进去。然后给模具

---

① Tom Phillips, *African Goldweights*, p. 13.

② Ibid., p. 29.

加热，熔化金属，将已经液化的蜡倒空，将熔化的金属倒入。"这是个漫长的、拖沓的过程。"菲利普在书中说道，"大部分时间是等候，等候这个干燥，那个冷却，要么就是，等候另一个加热和液化。当年的炉子既没有定时装置，也没有控制面板，每个阶段的计时必须凭经验判断。"[①]

菲利普不像艺术评论家那样惯用让人头脑发懵的术语，也不像院校里的许多学究那样惯于形而上的空谈，他能用诙谐和有视觉冲击力的方法描述各种铸件，颇有灵气。他曾为笔下的插图题注道："两只正在交配的蚂蚱被抓了现行。"看见一幅插图里有个赤裸全身坐在马桶上的战士雕像缺了两条腿，他这样评论道："如果他的两条腿像他的阳物一样粗，保留至今定会完好如初。"

晚餐期间，菲利普认为，整个雕塑历史及其发展潜力都被砝码历史湮灭了。他的原话是："这是一种人们可以大量制作的微型艺术形式，人们必须尝试所有类型的东西，如果某人追求的是制作大型雕塑，就不可能制作很多东西。究其原因，是没有那么多时间和资源。如果制作的物件只有方糖那么大，人们就能大量制作，还可以试验许多不同的方法。在六个多世纪里，人们可以大量尝试不同的方法。"

我问菲利普，他在书里宣称那些砝码自身既能为当代艺术代言，又能为大众所理解，这是什么意思。他解释说："举个直白的例子，极简抽象派雕塑，它与 19 世纪的雕塑大为不同。表面看，阿坎砝码与极简抽象派雕塑同门，在维多利亚时代的人们看来，它们什么都不是！人们找不到任何支撑点让砝码和艺术沾边。也许砝码可以当装饰品用，可它什么都不是！无论如何，维多利亚时代的

---

①   Tom Phillips, *African Goldweights*, p. 30.

图6 "自证砝码"的阿坎砝码，自证内容为称重仪式

人没有将其归为艺术。恰恰由于艺术自身的进步，我们欧洲人后来才从这些古老的东西里品味出审美情趣。例如，可以这么说，我们有了像唐纳德·贾德（Donald Judd），或者像康斯坦丁·布朗库希（Constantin Brancusi）那样的人。"

菲利普打开书，翻到描述某一物件的段落，他将其称作"圣杯"。他曾经花费数年时间寻找这个东西。这是一个可以清楚地自证砝码的东西，上面有一组人物形象，那些人正准备按照惯例称黄金，他们正围着秤和砝码聚精会神地对视：

其中一个买卖人举着天平，他的同伴一只手端着盛放金沙的小容器，另一只手拿着勺子，第三个人正在用非洲式的烟管吸烟，他脸上是一副沉思默想的样子，似乎他正在扮演裁判。整个雕塑不过3厘米高、5厘米长，但其中的秤十分精细，不仅有几根细线吊着的两个秤盘，还融入了其他细节。几位角色脚下的地面有几个细微的造型，每个造型直径不超过 1 毫米，毫无疑问，那些东西意在表示传统形制的砝码。①

开始收集砝码未久，菲利普找到了蒂莫西·加勒德（Timothy Garrard，1943—2007），后者是这方面首屈一指的权威。加勒德从前是个英国律师，1967 年去了加纳，那年他是唯一在加纳首都为总检察长工作的欧洲人。很快，他又成了加纳首席检察官。到加纳以后，加勒德逐渐迷上了砝码，随后开始收集砝码，同时研究它的历史。他还成了一个阿坎工匠的学徒，学习失蜡铸造法。为完成这项任务，他做了充分的准备，并且在加纳莱贡大学（Legon University）获得了考古学硕士学位，后来又在美国加州大学洛杉矶分校取得了博士学位。除了担任法律职务，自 1983 年起他还成了博物馆馆长。既是律师又是学者的加勒德成了整个西非地区的名人，备受信赖。在非洲秘密社团"色诺佛人的波罗社团"中，他是为数不多的欧洲人，甚至可能是唯一的欧洲人。他的著作《阿坎人的称重和黄金交易》（*Akan Weights and the Gold Trade*）是有关这一课题的最权威的信息源，也几乎是唯一的。②

刚遇到加勒德时，菲利普以为对方是个"典型的约瑟夫·康拉德小说式的人物——并非阴险的欧洲库尔兹类型的人物，而是那种非常投入的、行为古怪的、'出生在欧洲，成形于非洲的类型'"。加勒德邀请菲利普一起出门旅行，寻找砝码，搜集游客们对砝码使用情况的记述。19 世纪末，一个瑞士传教士生动而精确地记述了如下情况：

---

① Tom Phillips, *African Goldweights*, p. 10.

② Timothy F. Garrard, *Akan Weights and the Gold Trade* (New York: Longman, 1980).

砝码、勺子、秤盘、秤都装在一个皮质的口袋里，没有这些，有钱人从不出门。这些东西由一个走在前边的奴隶顶在头上。……称黄金的场合总是非常喧嚣，每个人都使用自己的砝码，人们总是说，卖方的砝码标的太重，买方的砝码标的又太轻。争吵会持续很长时间，直到最终找到合适的砝码。这时，过秤才真正开始，盛黄金的秤盘一定要比盛砝码的秤盘稍低一些。然后是检验黄金，新的争执再起。反复翻检每个黄金颗粒时，人们嘴里会念念有词："这一粒金子成色不足，看，这儿还有一粒石子，那一粒必须更换。"接着会另有一次过秤，另一番争吵，经过多次耽搁，这笔小额交易才会了结。

称黄金的过程既让人开心又让人厌烦，尤其是买卖小东西时，例如某人想从女商贩手里买水果或蔬菜时。加纳中部城市库马西立法禁止女性摸秤，女人们只能用怀疑的目光旁观，用尖刻的话语数落那些砝码，然后还会吵吵说，盛黄金的秤盘还不够低。最终，越过这道坎以后，女商贩会把一小撮金沙放在手心，用一个贝壳将其分成两份。她会坚持说，其中一份金沙成色不足，必须更换。

价值不过几分钱的买卖和涉及好几斤重的买卖，交易方法都是这样，都需要花费这么长时间，这可以磨炼白人的耐性。不过，这种事轮到我头上，我总会失去耐心，每当时间拖延过久，看不见尽头，我就会放弃购买。[①]

除了时间过久让人扫兴，更让人难以忍受的是，重量相同的黄金，买卖双方常常要用自己的砝码过秤。以下是 19 世纪中叶一位

---

① 引自 Garrard, *Akan Weights*, p. 175。

英国记者兼旅行家对称重过程的记述：

> 我亲眼所见，半分钱的香蕉也可以用这种贵金属购买，像挑起一丁点儿吗啡那样用刀尖挑起几粒金沙，对方则用一小块破布接住。由此可见，所有成年男人和女人都是黄金交易商，并且各有各的正确的和快速的检测方法。
>
> 黄金最后都要交给"阿牧"（收黄金的人），他每次只收下一点点金沙，然后将其放到一个"吹盘"上，原本与金沙混在一起的尘土此时会沉到金沙底部，他会熟练地将其吹走。对于金块，他会用刀子将其切开，在试金石上磨几下，然后仔细勘验磨痕的颜色。如此这般收下和检验黄金后，接下来才进入过秤程序，过秤用的东西一部分为干果仁，一部分为浇铸成野兽和鸟类造型的本地砝码。[①]

在二十多年的时间里，为寻找砝码以及懂砝码的人，菲利普和加勒德两人多次环游非洲。在某次旅途中，他们遇到了真正具备使用砝码知识的人，而且可能是最后一位仍然在世的具备这种知识的人。那是一位身体虚弱的、近乎失明的九十几岁的老人。他非常高兴地演示如何利用工具进行清理和除尘，如何使用那些秤，要将所有手指摆放到正确的位置，以便让旁人看清，其中不存在作弊。19世纪末，他学会这些时，还是个年轻人。

一场内战突然在科特迪瓦爆发，迫使加勒德逃离了非洲，为一本新书准备的材料只好丢弃在了那边，后来他还患上了阿兹海默症。由于战争和健康的双重原因，加勒德被迫放弃事业和收集爱

---

① 引自 Garrard, *Akan Weights*, pp. 175–176。

好，返回了英国，他把自己的房子（一个有着茅草尖顶的土坯房，由阿坎当地村民建造）卖给了菲利普，还把收集到的砝码也都给了他。加勒德想把这些交给可靠的人，他不想把这些交给经常被内战撕扯得四分五裂的国家。加勒德和菲利普一起制订了写作计划，然而加勒德的病情越来越重，无法继续参与项目。菲利普将该书的"献词"献给了加勒德，以此追忆朋友一生的成就。

加勒德 2007 年去世，菲利普为自己的良师益友撰写了悼词，并引用了加勒德喜欢的一个关于开拓者和后继者的箴言："跟随穿越灌木丛的大象踯躅而行的人不会弄湿衣服。"[1]菲利普总结说："实际上，加勒德的所作所为是在杳无人迹的洪荒大地上为后人铺好路，假如没有他，这些信息将不复存在，许多学者将抱憾终生。"所谓信息，指的是我们所发明过的最具原创性的、最具创造性的同时具有社会意义的信息之一——计量制。

---

① Tom Phillips, "Timothy Garrard," *The Guardian*, May 28, 2007.

第四章

法国："生活和劳动的现实"

　　布丽吉特-玛丽·勒·布里冈（Brigitte-Marie Le Brigand）用一侧的肩膀顶住灰色的钢门，脸上毫无畏难神色——那扇门大概有她两人高。[①]她用力往前一拱，一阵"吱吱嘎嘎"和"噼噼啪啪"的声音过后，门慢慢开启了，门后露出一个巨大的金属保险柜。布丽吉特-玛丽是法国国家档案馆的档案管理员，她从一个有着二百年历史的木盒子里抽出一把15厘米长的老式钥匙，用它拧开保险柜的锁，然后拉开两扇柜门。保险柜里有数十个红色的档案盒，里边的东西属于法国政府，都是头等重要的历史文献。

　　在档案馆里，我们途经许多房间，最终才到达这个像小型堡垒一样的地方。档案馆所在地是座类似于宫殿的建筑，几条街开外就是卢浮宫。1866 年，拿破仑三世修建了这座建筑，他希望保存国家档案的建筑应当像建筑里承载的财富一样高贵。如果让档案馆建筑发挥宫殿一样的功能，其核心大厅就是法国国王的寝室。大厅的高度从地面到天花板有将近 7 米，四面墙全都是塞满文件的架子，

---

① 2010 年 10 月 11 日我采访了布丽吉特-玛丽·勒·布里冈。

唯有借助悬挂在一个露台上的梯子，人们才能够得着上层的文件架。展品橱窗里满满地陈列着国家印玺和勋章，其中一些可以追溯到 12 世纪。布丽吉特 - 玛丽刚刚打开的保险柜靠墙而立，位于正对着门那面墙的中心位置。这个保险柜最初建造于法国大革命最危险的时期，需要同时打开三把锁，才能开启柜门，三把钥匙当年由三个人分别掌管，他们是：馆长、首席管理员、国民议会议长。布丽吉特 - 玛丽说，如今所有档案管理员仅用一把锁。

　　布丽吉特 - 玛丽指着其中的几个盒子说："那里装着玛丽·安托瓦妮特（Marie Antoinette）的书信，这些是国王路易十六的书信，还有法国的现行宪法。"保险柜中间是一层架子，架子上放着一堆样子奇特的物品，其中有一摞对折的纸，颜色已经发黄。"那是 1789 年起草的《人权宣言》的第一稿。"布丽吉特 - 玛丽说的是法国大革命期间出炉的最早的人权文件，由法国国民议会的一些议员起草。法国大革命时期，国民议会是一系列立法机构中第一个统治法国的机构。该《人权宣言》第一条内容就说道："人人生来是而且始终是自由平等的。"人们认为，《人权宣言》罗列的各项权利普遍且永远适用于全人类。在同一层架子上，紧挨着《人权宣言》，有一堆扭曲的铜板，体积有一本大尺寸的书那么大。她说道："那是法国第一部宪法，1791 年的《宪法》。"这一《宪法》由国民议会起草，当时国王还活着，法国革命的激进主义还没有达到顶峰，这一文件开辟了君主立宪制，让国家主权归于人民。"这部宪法完成后，"布丽吉特 - 玛丽说，"为突出它的重要性，人们为它制作了特殊的铜质封皮。1793 年，国王上了断头台，起草新《宪法》后，革命者们认为，他们应当象征性地毁掉第一部宪法。"显然他们乐于这么做，因而我眼前的铜板看起来像是挨过大锤的重击。

　　上述东西近旁有两个盒子，一个是八角形的黑盒子，体积有首饰盒那么大，还有一个是又细又长的褐色盒子，这两个盒子里装着我要看的东西。布丽吉特 - 玛丽将两个盒子放到一张桌子上，戴上一副橡胶手套，然后打开了盒子。又细又长的盒子里有一根 2.5 厘米多宽的金属棒，长度有 91 厘米，布丽吉特 - 玛丽将它拿在手里，翻了个面，金属棒上没有任何刻度。另一个盒子里装着个圆柱体，直径大约 4 厘米，高度与直径相等，上面也没有任何刻度。

布丽吉特 - 玛丽说："这两个东西就是'米'和'千克'的标准具（étalon），它们是法国国民公会（取代国民议会的诸多立法机构之一）下令制作的，并于 1799 年交给了法国政府。'米'是地球子午线长度中的一段，而'千克'等于 0℃ 和 1 个大气压下 1 立方分米水的重量。它们是自然标准，是恒定不变的自然现象，人类刻意将它们实体化了。"

我惊呆了，敬畏之心油然而生。这两个物体没有任何可以让人识别的标记，尽管如此，人类以前从未制造过同类东西。它们法力无边，将近一百年来，统治着遍布全球的度量衡体系。它们既是实物，又是体系。它们代表了人类首次尝试彻底解决"正午的炮声"带来的问题，或者说，它们代表着，人类正在寻找一种方法，将度量衡与自然现象绑定，一旦计量标准不复存在，人们可以用其重建相同的度量衡。事实终将证明这种尝试难以成功。

制作这些计量标准的直接原因是法国大革命，革命领袖们的本意是铲除封建制度的残余。在封建制度下，权力是按照锥体构架依层次分布的，国王位于顶端，统治着贵族们，贵族们转而统治着各自的附庸，而附庸们则被授予掌管土地的权力。革命者的目标是用普世的、平等的、合理的做法替代封建权威。要了解计量何以在实现这一目标计划中如此重要，首先必须追溯更早以前的法国历史。

法国早期的各种度量衡

早期欧洲度量衡历史堪称一团乱麻，人们对基本度量衡单位的起源一直争论不休。艺术史学家彼得·基德森（Peter Kidson）曾经评论说，欧洲的线性度量衡之所以闻名，是因为"它像充满危险的流沙，充斥着投机和争论；人们都说，谨慎的人应当避而远之"。基德森认为，那些趋之而非避之的人都是"极端狂热分子，他们从其他人认为混乱的和困惑的局面里看到了秩序和持续性"。[①]

15世纪，即中世纪初期，各种度量衡在法国以及欧洲其他地方呈现出各种势力互相角力的局面。高卢民族有自己的一套度量衡，不过恺撒发动的高卢战争最终导致罗马帝国的许多计量单位——例如长度单位佩斯（pes），如今的英尺，重量单位里布拉（libra），如今的磅[②]——落户到了法国，进而到了整个欧洲，这些新计量单位替代或修正了被征服民族曾经使用的计量单位。在从前的法国境内，英尺早前的称谓是匹得（pied），1匹得等于12庞斯（pouce，如今的英寸），6匹得等于1突阿斯（toise，如今的英寻），基本重量单位的称谓是"里弗"（livre）或"磅"。在欧洲其他地方，例如德国"磅"，荷兰"磅"，英国"磅"，全都源自罗马"磅"。人们沿用某些前罗马度量衡，一直持续到中世纪时期，包括丈量农场和丈量距离的度量衡，例如"阿邪"（arpent）和"里格"（league）。利用数字计算计量单位则反映了阿拉伯人的影响。每个国家或国家内的不同地区都在用各自的方式接受罗马计量单位，同时根据本地需求和条件，甚至会根据被计量物体改变各种度量衡的维度和名称。

---

① Peter Kidson, "A Metrological Investigation," *Journal of the Warburg and Courtauld Institutes*, 53 (1990), p. 71.
② 从此诞生了磅的英文简称"lb"，从日常称重活动中诞生了"里布拉"这一名称。

各国统治者都尝试过在自己境内强推可持续的单一计量制。789年，在法国境内，第一个尝试这么做的人是查理曼大帝，他强制人们使用阿拉伯哈里发哈伦·拉希德（Harun al-Rashid）送给他的一套标准。814年，查理曼大帝死后，这项改革没持续多久就消亡了。卢浮宫建于12世纪，有传闻说，宫殿入口的内门宽度恰好是12匹得（即2突阿斯），随后数个世纪，内门宽度成了确定"突阿斯"的维度。法国瓦卢瓦王朝第二位国王约翰二世（1350—1364年在位）确立了长度标准和重量标准，这两个标准如今存放在位于巴黎的法国国立工艺学院内。在前述博物馆的同一个走廊里，展品中还有制作于15世纪的"查理曼套具"，或称查理曼砝码，据说其命名的依据是查理曼标准。"套具"中的"磅"等于2马克，1马克等于8盎司，1盎司等于8格罗斯（gros），1格罗斯等于3但尼尔（denier），1但尼尔等于24格令（grain）。人们常说，1格令最早源于1颗小麦粒。

　　也许这些皇家度量衡只是看起来有序和统一，但通行于农村的度量衡却不是这样。对此法国计量学家亨利·莫罗（Henri Moreau）评述道：

　　　　计量单位千差万别，不仅国与国之间不同，有时候（例如在法国）省与省之间也不同，甚至城市与城市之间都不同，而且公司和行会各有各的规定。当然，这种情势导致了许多错误和欺诈，以及持续不断的误解和争吵，更不要说这种情势的严重反哺注定会影响科学进步。乱上加乱的是，人们给未经严格审定的计量单位多重冠名，主要度量衡的上一级单位和下一级单位之间的进制各不相同。[①]

---

①　Henri Moreau, "The Genesis of the Metric System and the Work of the International Bureau of Weights and Measures," *Journal of Chemical Education* 30, no. 1 (1953), p. 3.

度量衡不过是一套满足人们需求的工具，当条件发生变化或者出现新的需求时，度量衡就必须去适应，不然人们会用随机创造的度量衡取而代之。不过，度量衡必须具有可共享性，并得到人们的信任，这就要求度量衡自身具有生命力和不可取代性，才能慢慢地扩散应用。不断进化的需求和人们过去的传统计量方式也会对此产生影响。就中国而言，这个国家具有高度的中央集权，与外界相对疏离，未受外国涌入和贸易的影响，保持了需求的相对统一，因而度量衡比较稳定。在西非，众多买卖人、商人、外国人各用各的度量衡，形成了一种令人咋舌的多样性和平共存的现象。与中国和西非相比，当年法国有着一种完全不同的社会和经济构架，只会让度量衡更趋复杂，而非更趋统一。法国具有多样的和不断变化的工作环境，包括农场、手工业行会，以及与欧洲其他地区——从北部的挪威到南部的西班牙，欧洲各国都有各自不同的工作环境——的商业接触，这让它成了各种影响的交汇点，迫使工人们不断地适应或发明各种度量衡。①

---

① 法国、英国的情况亦如是：960 年，埃德加国王宣布，对整个王国而言，"韦斯切斯特（苏格兰首都）的计量即是标准"。从那一刻开始，英国人便试图建立统一的标准，不过却遭遇了一连串失败。1066 年，"征服者威廉"颁布法令，规定"最可靠和经过适当验证的"度量衡必须与"令人尊敬的先辈们"的度量衡一致，这意味着，他不会尝试任何新度量衡。1215 年的《大宪章》宣称，必须对葡萄酒、麦芽酒、玉米实施统一度量衡，前两项度量衡显然是容量单位"加仑"的两种不同规格，第三项度量衡专门标定为伦敦"夸特"，这是人类有史以来第一次专门用文字实实在在地标出英制度量衡。1266 年，亨利三世下达了一项校准度量衡的法令；1305 年，爱德华一世如法炮制（规定 1 英寸为"3'格令'干燥且圆润的大麦粒"）；1328 年，爱德华三世亦如法炮制。1414 年，亨利五世在一项法令中提到了"金衡"磅，这是传统磅的一种变体，每磅分为 12 盎司，而非 16 盎司。英语中的"金衡"一词源于"特鲁瓦"，那是一个法国城市的名字，对于在那里经商的英国商人而言，市场公平很重要。金衡度量衡的使用者主要是珠宝商，金衡度量衡比大宗商品经销商使用的"常衡"度量衡轻，两者形成了鲜明对比。1497 年，亨利七世曾经打造出一个勉强可用英寸等分的、直径为半英寸的八角形黄铜"码"标准棒，以及好几重重量标准。所有这些法令和措施对减少英国度量衡多样化几乎没起作用。

这导致法国度量衡的演变，当然也包括欧洲度量衡的演变（包括计量单位、标准、法律、监管诸方面），这些与欧洲历史的各个阶段以及商贸、工业、科学的主导地位形成了错综复杂的关系。长期以来，好几位著名的历史学家为这一复杂的历史背景所困扰，包括美国历史学家罗纳德·祖科（Ronald Zupko）和波兰经济学家维托尔德·库拉（Witold Kula），后者的《度量衡与人类》（*Measures and Men*）[①]一书重点研究的正是法国。库拉的作品浓墨重彩地描绘了当时的历史背景，成了映衬现代化之前欧洲的生活特点和活力的一面镜子。在库拉看来，对欧洲度量衡不屑一顾的那些人根本没有可能了解欧洲的本质。

例如，为供养家人，农夫们必须耕种足够的土地，因而大多数欧洲国家都有关于耕种的专用名称，以形容一个农夫借助一头牛或一匹马甚或一群牲口用一天时间可耕作的土地，人们常常将这一度量衡称作日量（古代土地面积单位，相当于一人一天能耕作的面积）。在法国洛林地区，一个工（即人工）指的是一个人在大田里劳作一天的量。不过，计量单位的体量必须基于作物的种类。在法国加泰罗尼亚地区，人们用来形容在麦地里工作以及在葡萄园里工作的"日量"截然不同。在法国勃艮第地区，农民们计量"麦地里的工作量用日量，计量葡萄园里的工作量用乌武荷（ouvrée），计量草场里的工作量用维彻（soiture）"，这些名称形容的全都是关于投入其中的劳动量。[②]天气和土地质量千差万别，同样会影响上述

① Ronald Edward Zupko, *British Weights & Measures: A History from Antiquity to the Seventeenth Century* (Madison: University of Wisconsin Press, 1977); and *Revolution in Measurement: Western European Weights and Measures Since the Age of Science* (Philadelphia: American Philosophical Society, 1990). Witold Kula, *Measures and Men*, trans. R. Szreter (Princeton: Princeton University Press, 1986).

② Witold Kula, *Measures and Men*, p. 29.

计量单位的体量。

其他类型的劳动量也各有各的度量衡，例如，在英国某滨海地区，"刷量"指的是在某些特定条件下洗刷牡蛎的工作量；"脱量"指的是英国另一地区收获粮食时脱粒一天的工作量；"挤量"指的是英国另一地区为一头奶牛挤一次奶的出奶量。度量衡会因为各地条件不同而不同，例如，销售葡萄酒以"桶"计量，在葡萄酒变质快的地区，比方说朗格多克地区，当地的"桶"会小一些。[①]

运输货物也造就了一些计量单位，人们渐渐学会了用"小口袋""大口袋""小包"等计量需要动用牲口驮运的货物，计量单位的体量需要根据牲口、携带的货物、运输距离等确定。其他方式运输的货物可以用"小车""大车""整船"，或者用专门为装车制作的大桶和小桶计量。不断进化的需求和技术——新的市场，更好的运输手段——总会改造旧有的计量单位，也会创造新的计量单位。

法国的农夫、商人、体力劳动者身处政治和社会制度不断变换的漩涡中心，这点与世界其他地区大为不同。库拉评论说："如此一来，人们就会看到这样的情景：在同一个村子里，市场里用的是一种度量衡，向教会交税用的是另一种度量衡，缴纳庄园费又要换一种度量衡。在封建背景下，以及相同的社会构架里，这样的情况比比皆是。大体上说，需求不会导致滥用，也不会导致抗议。"[②]随着这样的社会构架的强化或者弱化，主要度量衡也会随之发生变化。每当国家在政治方面更为强盛统一时，情势就会倾向于强化度量衡，同时也会简化度量衡；每当国力衰落或变得分裂，情势就

---

① Witold Kula, *Measures and Men*, p. 7.

② 参见 Witold Kula, *Measures and Men*, pp. 19-20。维托尔德·库拉还说："在现实生活中，如果许多种迥异的度量衡共存，会促使强势的一方更加肆无忌惮地滥用它们，情况就完全不同了。"

会倾向于增加度量衡的种类。库拉接着评论说:"传统度量衡牢牢地植根于生活和劳动的现实中……严厉的、长期以来形成的'根本的'规则,完全不给肆意妄为留下任何空间。"[①]

　　人类社会现代化之前,所谓"生活和劳动的现实"包括压迫和剥削,也包括对压迫和剥削的反抗。买方可以对容器里的粮食进行堆高和拍打,采用从肩膀高度倾倒的方式,避免从低处倾倒,或者前往繁忙的磨坊倾倒,因为磨坊里的震动会让容器里的粮食堆得更瓷实。对这些作弊行为的反制措施包括"猛磕",或抹平堆高的粮食,或坚持让对方倾倒粮食时胳膊下垂,甚或在磨坊处于工作状态时避免前往磨坊。如果作弊行为得不到控制,官方可以动用各种道德的、宗教的、法律的惩罚措施。库拉介绍说,在波兰城市格但斯克,对度量衡做手脚的人可能被剁掉手指;在 13 世纪的拉脱维亚,丈量 1 厄尔出现误差,甚至会被处死。厄尔是长度单位,故意造成误差超过两指宽即可按量定罪。[②]

　　由于各种计量方法对人类很有用,它们得以薪火相传;对特定作物和货物进行计量会受制于当地的资源和社会条件,因而计量方法也会入乡随俗。由于土质和降水量的差异,某一地区的土地面积不可与另一地区的土地面积画等号;相比于抽象的和中性的长度单位和重量单位,依据劳动时间和土地肥沃程度调整计量单位更为实用。条件变化必然会导致计量单位跟着变化。库拉注意到,复杂的、富于生机的计量方法如实反映了欧洲的历史和文化:

　　　　它(欧洲计量制)最终变成了通用度量衡,且在世界范围

---

① Witold Kula, *Measures and Men*, p. 22.

② Ibid., p. 21.

内得到应用，包括自然领域和文化领域，当然也包括人造物品领域。它让人们得以丈量土地、树木、道路等，还让人们得以将比例应用到织布的机器上，应用到砖头上和教堂钟楼上；实际上，砖头的长宽比是教堂建筑比例计量体系的组成部分。……（这类）度量衡演化自史前时代，历经数千年不断演进，一旦演化进某一连贯体系，它们会很好地服务于人类的日常工作，让人们的每日需求得到满足，让人们创作出不朽的艺术品，罗马式、哥特式、巴洛克式教堂那种贵族气派的比例，让今天的人们仍然叹为观止。[1]

突然而至的变革

随后，乘着 1789 年法国大革命的余波，在一小段动荡不安的历史时期，法国领导了一场计量革命。不过，这次革命的根源可以追溯到 17 世纪初，当时有一众因素——包括社会的、政治的、科学的、技术的——开始发挥作用。维托尔德·库拉既研究欧洲又欣赏欧洲，他看到了一个大为不同的新欧洲正在冉冉升起。此时，不仅旧有的度量衡，包括整个计量制都成了沉重的负担，因而一种崭新的和普遍适用的计量制的出现就成为必然，而这一计量制唯有法国能够提供——这点颇具讽刺意味。

从技术层面说，在欧洲工业作坊里，堆积的机器越来越多，作坊也越来越依赖机器——包括座钟、印刷设备、海军装备、各种大炮、纺织机、蒸汽机等。用于生产各种机器的工具和设备，其制造和维护精度越来越高。机器由众多零部件组成，零部件容易损坏，

---

① Witold Kula, *Measures and Men*, pp. 27–28.

而备用零部件必须具备与原有零部件一样的精度。随着新机器和更趋复杂的机器的出现和增加，精确制造显得至关重要。机器的零部件必须可替换——这一点，座钟于 1710 年实现，滑膛枪于 1778 年实现——这样的需求还上升到了一种新水平：零部件不仅需要适应某台机器，同时还需要适应所有同类型的机器。一种专攻精密制造的新职业出现在经过系统培训的机械师行列里。

这种对精确零部件的需求导致对精密测量设备的需求，因而计量机制开始凌驾于单独的计量工具之上。计量功能成了财富，这里说的可不是本书前两章提到的塑像或调音器，而是由所有计量工具组成的体系。计量体系的不断扩张，以及不知名的计量用具的不断增加，与单打独斗的计量行为创造的社会财富的流失共生共存。尼安戈兰 - 布瓦戏剧中的场景不会发生在工业作坊里，发生在那里的计量行为不过是买家和卖家之间广泛的社会交往的组成部分。如今，人类的诸种行为——购买食物、建造房屋、更换零件，都有更为便捷的方式了，甚至不用抛头露面。商品渐渐取代了手工制品，英国政治经济学家亚当·斯密（Adam Smith）在其所著的《国富论》（1776）里提到一家著名的工厂，厂里聚集着大量工人，工人们一起劳作，用这种方式制作出来的针比以往多了成千上万倍，而工厂本身是按照标准程序建造的。这种计量的进步并非仅仅停留在技术层面，而是伴随着资本主义的出现，成了新的政治经济环境的重要组成部分。

政治形势的变化改变了管控称重和丈量的方式。中世纪时期，众多庄园和封邑不理睬中央政府的管控，各有各的度量衡，照样能过得很好。当时，中央政府相对弱小，缺乏有效的官僚体系。17 世纪，法国的情况开始出现变化，封建领主们逐渐走向弱势，这标志着抗衡度量衡统一的主要势力在消失。各国国内和国际市场的扩张成了动力，促使各中央政府主张广泛协商一致的度量衡，并对其实施管控。"对称重和丈量实施统一化和标准化，"经济学家斯坦尼斯拉斯·霍索夫斯基（Stanislas Hoszowski）说道，"直接关系到各特定地域之间交换关系（即商业）的规模。"[1]

从社会学角度说，国家认同感与称重和丈量的统一难分难解。人们乐见"人类理应亲如手足"的感觉于无形中不断增长，进而取代社会理应由权力机构分层而治的感觉。因此，度量衡也应当公平，得到人们普遍的认可，如此即可避免中世纪盛行的计量方面的盘剥。维托尔德·库拉坚称，现代化之前，农耕时代的欧洲国家彻底改变计量制以前，需要这种亲如手足的感觉，他说道："人权和公民权宣言出现之前，废止诸多封建权利之前，发育成熟的市场经济出现之前，计量改革不可能实现。"反之亦然。倘若计量没有改革，如此崇高的境界不可能持续下去。"随着时间的演进，计量在不断地标准化。"库拉说道，"标准化过程成了完美的历史演进指示器，即便那一阶段算不上最强有力的历史演进，也堪称最强有力的历史演进之一。而所谓演进，指的是全人类不断增长的统一性。"[2]

科学思想也在剧烈地变化着。亚里士多德之后、中世纪末期以前，人们普遍认为，宇宙是个生态系统，这个系统包括一些差异特别大的区域（至少可以分为天和地），其中包含的东西种类繁多，需要用不同的概括方法加以区分，用不同的度量衡计量才显得合适。世界各地用的都是当地的度量衡。科学是可量化的，而规律是人类对自然常规运行方法的概括，也是人类通常的体会。近现代初期，一切都变了，用规律描述自然变成了用定律描述自然，定律的

---

① 引自 Witold Kula, *Measures and Men*, p. 115。

② Witold Kula, *Measures and Men*, p. 101.

产生不是因为概括，而是因为测量。伽利略年仅二十二岁时写出了第一篇科学论述《小天平》（*The Little Balance*，发表于 1586 年），该书描绘了他如何改良一个常见的计量仪，以及利用其确定物质的相对密度。一个世纪后，牛顿出版了《原理》（*Principia*，1687）一书，唯一的、统一的"空间"概念代替了区域性的本土观念，天和地不再是不同的地方，不再由不同的材料构成，不再遵循不同的规律，它们同属于一个空间，遵循同一套数学定律。人们认识的世界是个舞台，在其上出现的是可计量的物质，而物质在可计量的力的作用下做着可计量的运动。人类了解自然，并非通过观察宇宙生态系统里的物质在其中重复扮演的多重角色，而是将它们从所处的位置剥离，了解它们在世界舞台上所处的时空位置。抽象的空间需要用抽象的度量衡，这既需要人类的平等性，也需要空间的抽象性。在不同地区、产品、时间等之间进行划分时不可能在度量衡上留下任何印记，维托尔德·库拉不无遗憾地将其称为"商品的异化"。这个新世界是可计量、可计算的，并且具有普遍性；没有什么是永恒的，世界始终处在变化之中，任何东西都可以用无限放大的精度反复计量。对于公制计量的胜利，库拉评价说："必须满足两个条件：一是法律面前人人平等，二是商品的异化。"①

苏联作家伊利亚·爱伦堡（Ilya Ehrenburg）在其回忆录中记述了第一次世界大战后与法国作家乔治·迪阿梅尔（Georges Duhamel）一起进餐的情景，其间后者为公制计量慷慨陈词。"他离开后，我们放声大笑起来。"爱伦堡在其回忆录中说道，"我们喜欢他的书，不过，他的天真实在太可笑了。他显然相信可以用公制

---

① Witold Kula, *Measures and Men*, p. 123.

的尺子丈量俄罗斯的道路。"①不同地域必须用不同的计量方式这一旧识正在让位于"空间"——唯一的、统一的而且只能用一种方法计量。

17世纪的新科学催生了空间概念，在哈佛大学科学史学家斯蒂芬·夏平（Steven Shapin）笔下，这一抽象概念对人类的影响得到了很好的诠释。为观察登顶多姆山之际究竟会发生什么，既是哲学家又是科学家的法国人布莱士·帕斯卡（Blaise Pascal）送姐夫上山时顺便带了个气压计。夏平解释道："在实际操作中，这位自然哲学家关注的并非在这一天的这个地方，这个玻璃仪器里的水银究竟会发生什么，除非测试结果支持相对来说非局部的、非特异性的推论，局部的以及特定的推论不是这类实验的目的。"②

1690年，英国哲学家约翰·洛克（John Locke）明白无误地诠释了计量概念的深层含义。他在文章中称，长度不过是人类思想里关于空间的某种"量"，自从有了那种概念，人们便开始用这些长度测量身体，用某一特定的部位比画另外的部位，根本不考虑其类型和大小。度量衡与人类身体的部位或人类的想法没有必然的联系，它们是抽象观念里的抽象测定值。度量衡不应当出自工业作坊以及作坊里从事的生产，而应当成形于人类的头脑里。

上述见解强化了在度量衡领域使用十进制的环境，传统的小数计算方式遭到冷遇。小数计算方式在市场环境里很实用，某一量级的一半或一倍用眼睛轻易即可看出来，进一步减半或加倍亦如

---

① Ilya Ehrenburg, *Memoirs: 1921–1941*, trans. T. Shebunina (New York: World Publishing, 1964), p. 134. Quoted in Kula, *Measures and Men*, p. 12.

② Steven Shapin, *Never Pure: Historical Studies of Science as if It Was Produced by People with Bodies, Situated in Time, Space, Culture, and Society, and Struggling for Credibility and Authority* (Baltimore: Johns Hopkins University Press, 2010), p. 23.

是。一如关于称重和丈量的方方面面,十进制并非自然的存在,而是人为的创造。中国人早在 12 世纪就使用一种十进体系,直到 16 世纪末,欧洲才有人提出十进体系。由于十进制用于抽象计算相对容易,得到科学家们的青睐。在科学领域,数字取得了新的重要地位。科学史学家伯纳德·科恩(I. B. Cohen)在文章里称:"在约翰尼斯·开普勒、伽利略、威廉·哈维之前,人们从未用数字表示过普遍的自然定律,也从未用数字提出过待验证的问题,以验证某一科学理论。在科学领域使用数字,这样的特征让'科技革命'中的'新科学'与传统的'探索自然'脱了节,实际上,数字定义了新科学的新特性。"[①]

然而,科学家们发现现有的手段无法满足他们对精准测量和精密仪器的需求。伽利略绞尽脑汁,试图通过研究钟摆、研究小球在斜面的滚动测量出精确的时间;为研究血液循环,威廉·哈维在测量血流方面遭遇重重困难;为超越克罗狄斯·托勒密的天体学说,约翰尼斯·开普勒在探寻过程中发现了精准天文测量的价值所在。在各自的研究中,为描述各种现象,这些科学家以及其他人使用了前辈科学家从未使用的测量方法。由于度量衡不准确,在历史进程中标准前后不一,更由于不同国家的同行使用不同的度量衡,科学家们经常陷入困境。因而,他们有兴趣改良度量衡、发明计量仪器和计量方法以及提升计量仪器和计量方法的精度。

一开始,科学家们在一些地方——例如伽利略所属的"皇家林琴科学院"(Accademia dei Lincei)——组成了一些非正式小组。在法国,科学家们组成了一个逐渐强势的社团,最早的成员包括勒

---

① I. B. Cohen, *The Triumph of Numbers: How Counting Shaped Modern Life* (New York: Norton, 2005), p. 44.

内·笛卡儿（René Descartes，1595—1650）；1666 年，在国王路易十四支持下，法兰西科学院成立。有皇家的支持，科学家们即可开展雄心勃勃的项目，例如研究地球的形状。英格兰另有一群科学家，最早吸引了弗朗西斯·培根（Francis Bacon，1561—1626）的一批追随者参与，最终"以'促进自然知识'为号召成立了伦敦皇家学会"，该组织自 1662 年起正式运作。

法兰西科学院和英国皇家学会很快即开展合作，两家机构的成员全力投入，试图找到某种恒定的现象，用于评估各种计量标准的精度，能够在各种计量标准遭到损毁、丢失、破坏后重建这些标准。当时有两个主要候选对象，第一个是"秒摆"，或称钟摆，往一个方向摆动一次用时一秒。伽利略当年已经发现，摆的震荡时间完全取决于摆绳的长度，这意味着只要摆绳长度相等，在地球的任意地点放置认真制作的秒摆，只要不受其他因素的干扰，摆动时间会完全相同。巧合的是，秒摆摆绳的长度大约为 1 码，这对计量标准来说是个理想的长度。

另一个候选对象是地球子午线，或者说，穿过地球南北两极的大圆。有人提议采用环绕地球赤道的大圆，不过，丈量赤道圆难度更大；另外，赤道仅仅穿过个别国家，子午线却穿过每个国家。精确测量地球子午线肯定有难度，不过一旦测定将一劳永逸。

科学家们估计，很快会有人利用现有的技术测定秒摆和子午线，其精度足以定义计量单位，一旦某个计量标准遭到破坏或毁坏，人们可以重建与原有精度相同或精度更高的计量标准。这一假设最终被证明是错误的。不过，在 17、18 世纪，科学家们却对此信心满满，这促使人们追求建立通用的计量体系。

1670 年，法兰西科学院创建者之一加布里埃尔·穆顿（Gabriel Mouton，1618—1694）发现，由于地球的形状并非理想中那么圆，其差异导致秒摆随纬度变化出现偏差。根据这种变化，他重新计算了子午线长度，并且提出截取子午线、利用其中的一段作为基本长度度量衡的想法。[1]穆顿将1个弧长的分（弧长的1/60）称作米里（mille），或称"米里尔"（milliare），其他等分单位均用十进制表示，例如：弧长的1/10为"斯德点"（stadium），弧长的1/100为"法尼库拉斯"（funiculus），弧长的1/1000为"弗咖"（virga），弧长的1/10000为"弗古拉"（virgula），依次类推。[2]"弗咖"和"弗古拉"与法国当年使用的度量衡"突阿斯"和"匹得"相差无几。

穆顿的同事让·皮卡尔（Jean Picard，1620—1682）也是法兰西科学院的创建者，他组织了一支队伍，测量穿过巴黎的子午线弧长。1668年，作为行动的第一步，他帮着修复了固定在夏特勒宫外墙上的一根铁条。长期以来，人们将这根铁条当作度量衡"突阿斯"的标准，可它已经年久失修。皮卡尔对子午线的新估算——依据夏特勒宫新标准测出的结果为57060突阿斯——和以前的测量值相比，其精度非同一般，而且人们将其引入了测地学的新纪元，或称大地测量的新纪元。[3]皮卡尔同时还提出一个通用计量标准。[4]夏特勒宫突阿斯标准的隐退表明，人们需要某种永恒的东西，而秒摆提供了这样的机会。皮卡尔测定了秒摆的长度，得出的结论是，夏特勒宫每突阿斯的长度为36英寸8.5兰斯（lines）。由于温度和湿

---

① In Gabrielle Mouton, *Observationes diametrorum solis et lunae apparentium* (Lyons: Matthae Liberal, 1670).

② 1"米里"的十万分之一为"指"，百万分之一为"粒"，千万分之一为"点"。加布里埃尔·莫顿意识到，人们或许很难记住这样的等分排序，因此，他提出如后一种等分排序：米里尔、散特里亚、维尔加……认为这种更具指向性的拉丁文等分排序便于记忆，不过是一种臆断，只会让事情更加混乱。

③ 皮卡尔所做的测量在科学界的新地位因为如后事实得到了彰显：不久后，艾萨克·牛顿用其发现了万有引力。

④ Jean Picard, *The Measure of the Earth*, trans. Richard Waller (London: R. Roberts, 1687).

度变化带来的影响，钟摆随季节变换略有不同，这些因素必须加以考虑。一旦人们综合考虑了这些，秒摆即可成为"直接源自自然的初始度量衡，因而人们可以将其视为恒定的和通用的度量衡"。至于标准，人类"既然有了来自大自然的标准，其他初始标准就没有存在的必要了"。皮卡尔将秒摆的长度称为天文半径，它的 1/3 为通用英尺，它的倍数为通用突阿斯，它的 4 倍为通用杆（universal perch），1000 通用杆为 1 通用英里（universal mile）。

子午线或秒摆均可成为自然标准，这种想法吸引了人们的兴趣。贾科莫·卡西尼（Giacomo Cassini，1677—1756）属于四代天文学世家的第二代，人们常常称其为卡西尼二世（他父亲卡西尼一世来自意大利，后来成了巴黎天文台第一任台长）。1720 年，他进一步完善了皮卡尔的子午线测量，测量了北到敦刻尔克、南到西班牙的那段子午线。卡西尼二世提出的"几何英尺"为弧分的 1/6000，6 个这样的英尺为 1 突阿斯。

卡西尼的测量值表明，地球的形状犹如一个长椭球，即蛋形，或者说，与环绕南北两极的圆相比，赤道圆比较窄。这与牛顿的结论相悖，牛顿描述的地球为扁球体，由于离心作用，南北两极比赤道扁。为解决这一争议，法兰西科学院于 1735 年重新组织了一支队伍，在秘鲁靠近赤道的地方和拉普兰靠近极地的地方测量了一段子午线长度。在筹备过程中，一个更准确的"突阿斯"标准由此确立。这次测量最终证明，牛顿是对的。人们还依据新精度创造了一个法国长度标准，即人们熟知的"秘鲁突阿斯"。1 秘鲁突阿斯等于 6 英尺，1 英尺等于 12 萨姆（thumb），1 萨姆等于 12 兰斯。1766 年，人们造好八十份样本送往法国各地，包括送往夏特勒宫。

18 世纪，将长度标准与秒摆或一段地球子午线相关联的提案还包括"重新尝试设立恒定度量衡，以便所有国家都能将其当作公用度量衡"（1747 年提出），该提案由查理·马里耶·德·孔达米纳（Charles Marie de Condamine）提出，他是为秒摆唱赞歌的法兰西科学院的院士。让·安托万·孔多塞（Jean Antoine Condorce，1743—1794）是法兰西科学院新任副秘书长，安 - 罗伯特 - 雅克·杜尔哥（Anne-Robert-Jacque Turgot，1727—1781）是路易十六在位期间（1774—1792）主管财政的主计长。1773 年，此二人联手提出设立统一的称重和丈量体系，提案号召确立的长度标准为"特定纬度用以计秒的单摆长度"；标准重量亦采用"同样合规的方法确定"，比方说，依据长度标准制作一个标准形状的立方容器，在容器里装满纯净水对其过秤。[1]1775 年，由于卷入政治阴谋，杜尔哥丢了职位，该计划因而搁浅。

在英国，皇家学会会员也在探索将计量标准与秒摆或子午线相关联，他们最终与法国同行展开了合作。英国的克里斯托弗·雷恩（Christopher Wren，1632—1723）与荷兰物理学家兼数学家克里斯蒂安·惠更斯（Christiaan Huygens，1629—1695）联手提出将秒摆作为标准，后者是法兰西科学院的院士，也是英国皇家学会的会员。1742 年，在一次具有里程碑意义的科技合作中，皇家学会制作了一式两份线性量具，在其上刻制了自己的标准，然后将其送往法兰西科学院，让法国人在其上刻制他们的标准，法兰西科学院留下了一份量具，将另一份送回了英国。

英国有个皇家委员会，其名称"卡里斯福特委员会"（Carysfort Commission）取自会长的名字。该委员会广泛评估了当时流通的各种标准，同时创建了一些新标准。1758 年，皇家学会与这个委员

---

① Jean-Antoine-Nicolas de Caritat Marquis de Condorcet, *The Life of M. Turgot, Comptroller General of the Finances of France, in the Years 1774, 1775, and 1776* (London: J. Johnson 1787), p. 134.

会的成员们展开合作，双方合作的报告指出："至少在四百一十五年的时间里，即自《大宪章》（*Great Charter*）问世到 16 世纪查理一世在位期间，'大法典'里充斥着各种'国会法案'，并且还在不断地颁发各种法案，不断地宣布各种法案，不断地重复各种法案。在整个王国境内，理应只有一个统一的称重和丈量体系，而每条新法规都说，以前的法规未发挥作用，导致人们无视各项法律。"①随着报告的出台，英国创制了新的线性标准和重量标准。不过，在立法机构内，与之有关的提案没有了下文。

由于缺少政治方面的支持，即使这类议案影响深远，依然命运多舛。18 世纪下半叶，法国大革命之前数十年间，商业混乱，全民躁动，科学施加的压力也不断增加，上述情势在法国出现了。1754 年、1765 年，主管财政的官员曾两度推动计量改革。改变人们的习惯势必会引起争议，带来令人不快的混乱。考虑到由此引发的成本，法国国王两度反对改革。虽然来自民间的呼声不断上涨，但后继者继续裹足不前。1778 年，财政部长雅克·内克尔（Jacques Necker，1732—1804）为国王路易十六起草了一份报告，指出了计量改革的利与弊。可惜，报告的结论是，其弊大于利。

要求改革的压力不断增长，在 1789 年达到了顶点。当时，国王路易十六要求贵族、僧侣、平民这三个阶层直接向他本人表达诉求。广泛收集的民意汇总成了人们熟知的"陈情书"，即"截止到本世纪为止欧洲最广泛的公众舆情调查，是法国社会生活在大革命前夜最详尽的表述"②。这些文字记录披露了人们对现行称重和丈量体系的不满——地主将其当作盘剥农民的工具，肆无忌惮地加以滥

---

① 引自 John Riggs Miller, *Speeches in the House of Commons upon the Equalization of the Weights and Measures of Great Britain* (London: Debrett, 1790), p. 12。

② Witold Kula, *Measures and Men*, p. 186.

用；同时，还反映出人们要求"统一重量和长度"的愿望。

法国大革命

1789 年 7 月，人们攻陷巴士底狱。度量衡的多样性及滥用问题早已是社会不满的巨大来源，此刻更成为一种政治事件。法兰西科学院院士也开始议论，他们的机构如何才能最有效地参与此事。8 月，让 - 巴蒂斯特·勒·罗伊（Jean-Baptiste Le Roy，1720—1800）院士提议，由院士们向国民议会请愿，制定统一的度量衡标准。[①]院士们随即开始商议，哪位国民议会议员最适合接受邀请，并为此事代言。他们最终选定了夏尔·莫里斯·德·塔列朗 - 佩里戈尔（Charles Maurice de Talleyrand-Périgord，1754—1838）。

选择塔列朗 - 佩里戈尔是明智之举，他是个精明的政治家，有贵族背景，深谙如何把控时局，把损失降到最小。1779 年，他受命担任神父，在接下来的一年里他成了教会驻路易十六王朝的代表。革命浪潮席卷法国之际，他热情高涨地投身革命，还协助起草了《人权宣言》。教会将他推上了政治高位，他却反过来与教会作对，最终被逐出教会。在此期间，通过陈情书，他认识到改革度量衡的紧迫性及其巨大的象征意义。

1790 年，征询过科学院院士们的意见后，塔列朗 - 佩里戈尔向国民议会提出一项倡议。他提出"法国的度量衡非常多样，常常在人们头脑里造成混乱，这样一来，注定会妨碍商业"，而且滥用无处不在，进行干预是国民议会的责任。他历数法国在统一度量衡方

[①]　Roger Hahn, *The Anatomy of a Scientific Institution: The Paris Academy of Sciences, 1666–1803* (Berkeley: University of California Press, 1971), p. 163.

图7　夏尔·莫里斯·德·塔列朗－佩里戈尔

面的失误，不过他也说到，我们今天处在一个"更加开化的时代"，有能力应对这样的挑战。接受巴黎现行的"磅"和"突阿斯"，肯定是最简单和最容易的办法，不过，最好胆子更大些，因为科学家们已经向人们展示了如何让各种度量衡贴近"自然界的恒定模式"，一旦某些标准丢失或损坏，人们会有另外的东西替换它们。他提议，将"法国厄尔"（aune，古尺）定义为秒摆的长度，"法国厄尔"的倍数为"突阿斯"，"突阿斯"可等分为英尺、英寸、兰斯。他还说，法国著名科学家安托万·拉瓦锡（Antoine Lavoisier，1743—1794）正在研究如何将各边长为 1/12 秒摆长度的立方体中的水的重量推导为重量衡。他接着说，英国这次肯定会参与法国的改革事业，"这次改革让我们两国的商业有了共同利益，因此改革也会让全世界受益"，同等数量的法兰西科学院院士和英国皇家学会会员应当在某合适的地点开个会，一起制定恒定的标准，法国应当率先"由各学科协商成立一个政治实体"。改变度量衡会带来"一些混乱"，不过，一旦所有问题都解释清楚，将新旧度量衡转换表发往全国各地，只需六个月，即可下令运行新体系。①

国民议会批准了塔列朗 - 佩里戈尔的倡议。1790 年 8 月 22 日，倡议还得到路易十六的批准。就改革计量制一事，公众的热情持续攀高，甚至引发了暴力冲突。传统度量衡已遭到滥用，成为封建体制压迫农民的工具。建立现代科学体系的时间到了！这给塔列朗 - 佩里戈尔的倡议提供了所需的全部动能。

国王将塔列朗 - 佩里戈尔的倡议转给了法兰西科学院，该院的一个委员会建议新体系采用十进制，另一个委员会负责调查自然标准，安托万·拉瓦锡则负责协调两个委员会。1791 年 3 月 19 日，

---

① 引自 John Riggs Miller, *Speeches*, pp. 77–78。

第二个委员会公布了调查报告，标题为"关于统一度量衡的选项"。该报告为自然标准提供了三个选项：一、秒摆的长度；二、地球赤道全长的 1/4；三、穿过巴黎的子午线圆的 1/4。委员会推荐第三个选项：基本长度单位将基于穿过巴黎的子午线的千万分之一的那部分。

做出这一选择后需要筹备一个新的野外考察项目，以便测量子午线弧，这肯定会实质性地提高科学院的预算，延长科学院对开发这一体系的参与时间；同时，这也是个机会，可对科学设备多做些科学测量和实验。另外，考虑到半个世纪前人们已经测量过子午线，新结果应该不会出人意料，一个未经审核的临时标准很快即可通过审核。

法兰西科学院试图创建一种能说服所有国家接受的标准："法兰西科学院在排除以自我为出发点方面已经做到了最好——的确如此，导致人们怀疑法国特别优先考虑自身利益的所有可能都被排除了。"人们很快都接受了基本长度单位"米"，这一称谓源自希腊词密特隆（metron），意即"测量"[1]。比起法语，用希腊语命名这一称谓也让这一结果传播得更广。法兰西科学院再接再厉，打算创建一套十进制的长度计量体系，以确立"米"的分数和倍数关系。容积单位由这些长度度量衡的立方体产生，重量单位由注入这些容积单位的蒸馏水产生。如此一来，所有长度单位、容积单位、质量单位即可互相关联，整个计量体系即可源自同一个普世的、恒定的标准。

塔列朗-佩里戈尔带着上述计划来到国民议会。1791 年 3 月 30 日，该计划获得国民议会批准。"民众启蒙委员会"发表了一个

---

[1] Guillaume Bigourdan, *Le Système Métrique des Poids et Mesures: Son Établissement et sa Propagation Graduelle* (Paris: Gauthier-Villars, 1901), p.30. This valuable book reprints many original documents.

交织着爱国主义狂热和理性普世主义的公告，其中说道："这无疑说明……像发生在其他众多领域的事情一样，在这一领域，法兰西共和国优于其他所有国家。"①

为落实上述项目，法兰西科学院的院士们组成了几个委员会。其中一个由皮埃尔·梅尚（Pierre Méchain）和让·巴蒂斯特·德朗布尔（Jean Baptiste Delambre）领导，他们的任务是测量子午线。另一个委员会负责在纬度45°的某海平面高度测定秒摆，由让·夏尔·德·博尔达（Jean-Charles de Borda）、皮埃尔·梅尚、让·多米尼克·卡西尼（Jean Dominique Cassini，即卡西尼四世）领导。第三个委员会的成员包括安托万·拉瓦锡，负责测定某一质量的蒸馏水处在冰点时的重量，这一步骤将帮助测定标准重量。第四个委员会的任务是编辑新旧两种计量体系的转换表。

这是一项艰巨的任务，落实期间，法国大革命高举的理想主义已四分五裂，一系列残忍的和血腥的专制政权轮流执政，国家权力落到越来越极端以及常常采取残忍手段的立法机构手里——这些机构包括"法国国民议会"（1789）、"法国国民制宪议会"（1789—1791）、"法国立法议会"（1791—1792）、法国国民公会（1792—1795，其中还经历了1793年6月—1794年7月间的"雅各宾专政时期"，实际执政的是"公共安全委员会"）、"督政府"。完成上述项目，最终用时超过了七年。

1791年6月19日，包括卡西尼在内，十二位科学院院士前去拜见国王路易十六。困惑不已的国王询问卡西尼，既然他的前辈们已经测定了巴黎的子午线，他为什么还要测量一次。卡西尼耐心地解释说，现代测量仪让人们有可能提高测量精度。国王当时肯定心

---

① 引自 Witold Kula, *Measures and Men*, p. 242。

不在焉，因为他正打算第二天和玛丽·安托瓦妮特以及他们的儿子逃离法国。结果，他们被抓了回来，投进了监狱。支持科学院的度量衡项目成了他批准的最后一项决议。

当年晚些时候，皮埃尔·梅尚和让·巴蒂斯特·德朗布尔两人带着两根铂杆赴野外做考察。铂杆长度为两个"秘鲁突阿斯"。他们的任务充满了困难和危险。尽管大革命在一些地区不受欢迎，可它仍在如火如荼，皮埃尔·梅尚是其中一届革命政府的官方代表，他在西班牙以从事间谍活动的罪名遭到扣押。他们的奇特经历被人收进一本名为《测量天下万物：奥德赛的七年及其改变世界的隐秘错误》（*The Measure of All Things: The Seven-Year Odyssey and Hidden Error That Transformed the World*）的书里。书名里提到的"错误"一词让人有点儿喘不上气，也有点儿夸张，具体指的是梅尚在行事过程中铸成的错误，后来两人对其进行了补救。[1]

与此同时，法国的国内形势让人心惊胆战，革命者们对十进制表现出空前的狂热，甚至要求将钟表时间全都改为十进，比方说：每天 10 小时，每小时 100 分钟，每分钟 100 秒钟，这一举动让所有存世的钟表都成了废物，让原本同情革命的那些国家震惊不已。最终，革命者们只好作罢。那一年，一些人强推新历法，重新命名月份，将 1792 年改为"元年"。这一改革延续了十年。这一年，断头台成了革命者们强迫他人做选择的行刑工具。路易十六于 1793 年 1 月上了断头台。同年 4 月，国民公会下设的行政部门"公共安全委员会"成立，此后是持续一年的雅各宾专政。

在喧嚣又磨人的法国大革命期间，人们自始至终普遍狂热地

---

[1] Ken Alder, *The Measure of All Things: The Seven-Year Odyssey and Hidden Error That Transformed the World* (New York: Simon & Schuster, 2002).

追求十进制。这似乎是个容易达到的明确的目标。革命者们渴望建立理性的、平等的大同社会，十进制是必需的组成部分。1793 年 8 月 1 日，国民公会批准了法兰西科学院的计划，开始执行 1740 年确定的基于 1/4 子午线弧千万分之一的新计量制，并于 1794 年 7 月 1 日强制执行。这个启动日期有些盲目乐观，实际上根本不可能实现，因为科学院的项目尚未完成，许多计量单位的名称尚未确定（除了"米"），而且各种标准还有待进一步完善。

更糟糕的消息接踵而至，各院校和文学团体加入了怀疑论者的队伍，1793 年 8 月 8 日的一项法令废止了此前的计划。安托万·拉瓦锡游说科学院继续该计划，另一位院士安托万·富克鲁瓦（Antoine Fourcroy，1755—1809）于 1793 年 9 月 11 日说服人们设立了一个度量衡临时委员会。三个月后，公共安全委员会以革命热情不够为由剔除了其中六名委员，包括让·夏尔·德·博尔达、查利·奥古斯丁·库仑、让·巴蒂斯特·德朗布尔、安托万·拉瓦锡。由于出版过一本政治小册子，让·安托万·孔多塞引起了人们的怀疑。有人下令逮捕他，可他逃脱了，随后隐姓埋名数月。1794 年 3 月 27 日，人们还是逮到了他，将他关押在巴黎郊外重新命名为"平等小镇"的一所监狱里。第二天一早，人们发现他死在牢房里。当年，一些人怀疑他是自杀。安托万·拉瓦锡是有史以来最伟大的几位科学家之一，他于 1793 年 11 月被关进监狱，并于 1794 年 5 月 8 日被送上断头台。

尽管如此，公共安全委员会创建新度量衡的决心已定，并且将其推向了世界。1793 年 12 月 11 日，该委员会命令一位具有医生身份的科学家约瑟夫·董贝（Joseph Dombey，1742—1794）携带度量衡临时标准前往美国。当时，好几个因素都在推动度量衡改革，其中之一是革命者高涨的热情，他们有这样的政治意愿和力量，对他们来说，改革是推翻封建主义和旧秩序的重要组成部分，对开创自由、平等以及抹除农奴身份至关重要，革命要求公民们使用新制式，以证明其忠诚度；其二是计量制改革已经迫在眉睫。

依照惯例，临时委员会于1794年印刷了一份新计量制的宣传册。不过，1795年4月7日，国民公会收回了早前于1793年8月1日批准的法律条款，更换了文件里的大多数名称，并且宣称将强制执行新计量制，尽管当时各种计量标准事实上尚未确定。已经确定的几个主要名称——例如米、升（1立方分米）、克（相当于1立方厘米水在室温中的重量）——将被用于大范围命名其他计量单位。例如，以添加前缀方式命名十、百、千，第十、第一百、第一千等这种计量方式让人们从某一级向另一级转换十分便捷，简单到移动小数点即可。不过，国民公会并未确定废除原有计量制的日期。如果暂不考虑计量标准问题，这一法律最有可能标志着现行十进制的诞生。人们将米尺复制品放置在巴黎的大街小巷，便于公众熟悉新标准，在所有米尺里，仅有两个例外。

与此同时，由于让·巴蒂斯特·德朗布尔被剔除出委员会，皮埃尔·梅尚在西班牙遭到扣押，人们暂停了测定子午线弧的工程。1795年4月17日，政府任命了一个委员会，重新启动测定子午线弧，并于当年10月设置了一个新机构替代法兰西科学院。是年10月，国民公会解散，由另一个立法机构——督政府取而代之。

幸运的是，让·巴蒂斯特·德朗布尔恢复了职位，皮埃尔·梅尚得到了释放，两人回归了测定子午线弧的行列。1798年1月，由于多个委员会正接近于完成各自的项目，好几个组织的成员提议，邀请其他国家的科学家们参与完成新计量制。不管怎么说，新计量制是给全世界使用的。塔列朗-佩里戈尔同意了，当即向同情法国革命政府的数个周边国家发出邀请。总计有十一位来自西班牙、丹麦以及其他欧洲国家的代表从 9 月开始抵达，与法国科学家会合后共同研究创建新计量标准的问题。皮埃尔·梅尚于 1798 年 11 月回到法国。委员会——外国成员在数量上多于本国成员——于 11 月 28 日召开第一次会议。这是一次新型的科学会议，历史学家莫里斯·克罗斯兰（Maurice Crosland）对其给予了这样的评价："向现代思想转型的国际科学大会。"①

1799 年 4 月 30 日，与会者形成了一份报告，确定 1/4 子午线长度为 5130740 "突阿斯"，"米"的长度基于这一数值，一定量的蒸馏水用于确定千克标准重量。新标准用金属铂制成，标准米的名称为"原器"；它有一个矩形断面，宽 25 毫米，深 4 毫米。1799 年 6 月 22 日，米原器和千克原器正式交给了立法机构。在移交现场，关于当时谁是发言人，有一种说法认为是皮埃尔 - 西蒙·拉普拉斯（Pierre-Simon Laplace，1749—1827）。他给予法兰西科学院很高的赞誉，令人感动。这位发言人说，我们的工作大功告成，它利泽全球，让法兰西的荣光辉耀四方。一直以来，度量衡在每个国家都比较混乱，由于法兰西科学院的种种努力，如今世界终于有了基于大自然本身的计量体系，它像这个星球一样恒久不变。地球上每个人都可以理解和感受到新体系的亲和力，父亲们可以放心地说："养育孩子们的这片土地是这个星球的一部分，正因为如此，我们是这个世界共同的主人。"发言人不厌其烦地强调新体系的国际性，他指出，法兰西科学院邀请了许多外国科学家参与体系的创建，他按照字母排序依次报出了与会者的姓名，没有将法国科学家们的姓名排在前列。即便发生吞噬大地的灾难，或者某种电闪雷击

---

① 莫里斯·克罗斯兰曾经问道："可否将 1798—1799 年召开的确立公制计量标准的大会称作第一次国际科学大会？"他还说：虽说当政的人是拿破仑，"他一定会把此事变成宣传的大好契机"，确保科学史学家都熟知这件事。

摧毁了我们创立的诸多标准，我们的工作也不会白费，因为我们已经将这些标准与存放在巴黎的秒摆维系在一起，这意味着，我们可以重建呈现在大家眼前的标准——"通过测量自然，从自然得到'米'，由此也可以得到和原来一模一样的'千克'"。该发言人在结束语中说道：我们应当上升到"保护宗教的高度"来保护这两个标准。①从那以后，这两个标准成了人们熟知的"米"和"千克"的存档样本。

对科学和人类文明而言，这一时刻的确是计量领域的里程碑。1821 年，约翰·昆西·亚当斯（John Quincy Adams, 1767—1848）就这一事件做了如下评论：

> 乍一看，那场景实在是千载难逢和超凡脱俗。现场展现的天才、科学、技巧以及合璧为一的那些伟大国家的国力，在人们的共同见证下，为改善人类的生存条件，像兄弟般真诚地平等相待，像命中注定那样走上了同一个舞台。人们需要特别敏锐的观察力，才能体会此事的价值所在。即便有毫不相干的日常事务干扰，也不要有丝毫犹豫。看到人类的特点和能力得到如此彰显，人们理所当然地会沉浸在冥想中。这一场景形成了人类历史的新篇章，对每个国家的立法者们，以及从此往后的时间长河，均堪称垂范和示警。②

---

①　Guillaume Bigourdan, *Le Système Métrique*, pp. 160–166.

②　J. Q. Adams, *Report of the Secretary of State upon Weights and Measures* (Washington, DC: Gales & Seaton, 1821), http://books.google.com/books ?id=G1sFAAAAQAAJ&printsec=frontcover&dq=john+quincy+adams+weights+and+measures&source=bl&ots=eCVpHlzOgq&sig=Yi86GuqX 71ZE1QUkkNfmQDzJDGE&hl=en#v=onepage&q&f=false.

布丽吉特-玛丽还向我展示了存放在保险柜里的法国大革命时期的几个物件，包括用于校准温度的几只温度计，以及用于对照和制作其他复制品的米原器和千克原器。与真正的米原器不同，这些复制品都有分米、厘米、毫米刻度。在复制的米原器上，好几处地方有黑色污迹，看起来像是二百年前粘过油的手指碰触铂杆留下的痕迹。

不过，我的注意力总是要回到那两件没有任何标记的真正的原器上。它们身上没有任何指向统治者或日期的特征，也没有任何指向文化环境或自然环境的特征。我想起了西非的黄金砝码、中国的笛子以及装在一个刻画着鸢尾标记的盒子里的"查理曼套具"，这些都是小心翼翼地单独制作的东西，不仅实用，还赏心悦目。如今，这些独具匠心的衡器都被布丽吉特-玛丽正在往回放的不知名的原器取代了！在关门过程中，沉重的金属门再次吱嘎作响。无论是在计量领域，还是对计量扮演的全球角色而言，这都是巨大的变化。

在法国，"适合所有时代、满足各国人民"这样的标语随处可见。不过，这能否得到他国人民的认可，还需要时间来验证。

第五章
裹足不前的度量衡统一进程

1794 年 1 月 17 日，一位法国医生兼植物学家登上了"快捷号"，那是一艘从法国勒阿弗尔开往美国费城的双桅帆船。他名叫约瑟夫·董贝，随身携带了一封公共安全委员会的介绍信。他还给美国国会带去了一个手工制作的铜质长度标准（此物刚刚被命名为米）以及一个铜质重量衡（当时该重量衡尚未被命名为千克），法国的目的是帮助美国改革称重和丈量体系。

法国革命者选择董贝医生作为赴美大使可谓明智之举，因为他具备过人的品行和超高的科学素养。毫无疑问，他会让美国人印象深刻。历史学家安德罗·林克莱特（Andro Linklater）在其所著《丈量美国》（*Measuring America*）一书里评价董贝说："他正直勇敢，具有冒险精神，从各方面说，都是理想人选。唯独一样除外——他运气显然糟透了。"①的确如此，董贝的经历可谓灾难重重。如果他早一点经历这些，他的故事必定会成为歌剧或滑稽戏的悲剧素材了。

---

① Andro Linklater, *Measuring America: How an Untamed Wilderness Shaped the United States and Fulfilled the Promise of Democracy* (New York: Walker, 2002), p. 131.

青年时期的董贝是个勤奋好学的学生，主修医学和自然史，后来成了内科医生。1776年，三十四岁的董贝受命参加前往南美洲的西班牙植物探险队。通过这次探险，他建立了法国的南美洲植物标本库，这为他在法兰西科学院赢得了一席之地。在远征中，他的经历极富挑战性——他罹患痢疾，被迫推迟出版计划，因而发表成果晚于西班牙同行们。由于厌倦植物学领域的政治争斗，他全身而退，前往里昂一家军队医院行医。

这并不是个好选择。法国大革命时期，里昂正与雅各宾专政抗衡，城里的居民饱受革命者的攻击和羞辱。董贝眼睁睁地看着人们将病人拖出医院，送上断头台。由于担心董贝医生的精神出问题，一些好友再次为他安排了一趟远征——这次是前往美国，为同盟国带去新的称重和丈量体系的合格样本，顺便搜集植物标本。

董贝未能踏上美国海岸，这年的3月，双桅船接近费城之际，可怕的风暴让船体受损，令其向南漂流到安的列斯群岛（Antilles），在法属瓜德罗普岛（Guadeloupe）的皮特尔角城（Point-à-Pitre）靠了岸。像法国国内一样，这个殖民地在政治上已经分裂。总督是个保皇党人，然而皮特尔角城内到处都是同情革命的人，董贝不可避免地成了政治棋子。令人尊敬的宗主国的公共安全委员会派来的特使在此现身，点燃了当地人反抗总督的热情。总督逮捕了董贝，将其投入了监狱。暴民们聚集起来，要求释放他。实际上，董贝此时是法国政府派到这片法国领土的官方代表。

董贝获释后，暴民们对逮捕他的人实施了报复。董贝站在一条河道的岸坝上，试图阻止这场暴乱。不过，有人将他推离了河岸，他不慎掉进水里。人们将他捞上岸时，他已经失去意识，后来又高烧不止。

总督关押并审问了董贝后才意识到，他不是煽动者，因而将他送回了"快捷号"。双桅船离港未久,一艘英国武装民船袭击了该船,掳走了船上的货物,将船员们扣为人质。董贝打扮成西班牙水手的模样,但还是被认了出来,随后被扣押到英国殖民地蒙特塞拉特(Montserrat),以换取赎金。当时他仍病着。3月底,他死在了岛上。

当时,法国大革命已经进入到最黑暗的时期,长期没有董贝的消息,样本公共安全委员会却没有人表示过关切,人们直到10月才听说他的遭遇。

"快捷号"双桅船的货物被拍卖时,某人买下了董贝的米样本和千克样本,将其送给费城的一个法国官员,这位官员将其转交到了另一个人手里,而那个人没有意识到这两个物件的重要性,从未将它们交给美国国会。假如董贝此行完成了任务,他很有可能推动米制在美国的应用。安德罗·林克莱特在论著中说道:"如果美国人亲眼看到这两个铜质物件,就会发现这两个东西很容易复制;如果将其与支撑它们的严肃的科学论据一起送往联邦各州,或可同时净化所有参议员和众议员的头脑。没准董贝那充满活力的、坚定的个人品性瞬间就会感染每个人。美国如今可能就不是抵制米制到最后关头的世界大国了。"[①]

董贝履行使命的时间正值度量衡历史上的纷扰期。不久后,英国在国内强化计量制,同时又通过侵略和不加遮掩的殖民化,试图废除中国、西非以及世界其他地方的本土计量制。此时,在英国国内以及法国、美国,激进的改革要么已经在路上,要么正处在非同寻常的激变过程中。

毫无疑问,此前多个国家的政府曾经修改度量衡,并试图将一

---

① Andro Linklater, *Measuring America*, p. 135.

些计量制强加给他国。18 世纪 90 年代，三个世界大国正在非常认真地考虑将颠覆性的新度量衡强加给本国。这一体系最引人注目的特点是：一、十进制；二、目标是将计量制与自然标准捆绑；三、将计量体系真正交给科学家们监管，而非政府行政人员。苏格兰数学家兼地质学家约翰·普莱费尔（John Playfair，1748—1819）认为："即便不能绝对地说法国人的计量制是最好的，它也非常接近了，它与最好之间的差异完全可以忽略不计。"①安托万·拉瓦锡评价说："这是人类第一次动手创造方方面面都如此宏观、如此简单、如此一致的东西。"②

然而，放弃根深蒂固的各种计量制，需要面对数不清的挑战。取得成功，需要强烈的需求、充满激情的领导力，以及恰当的政治氛围，还需要付出像十字军东征那样的努力。18 世纪 90 年代，推广十进制类似于十字军东征，至少对这三个大国里的一些关键人物来说如此。新计量制的倡导者将其视为最先进的、最公平的计量方法加以推动，因为它可以计量牛顿所谓抽象空间概念里的大自然。十进制倡导者们认为，十进制是文明世界必要的组成部分，毫无疑问会遭遇旧体制的抵制，这抵制来自对旧体制的非理性和迷信。

如今，十进制是法国的选择，但世界其他地方会做出同样的选择么？世界大家庭里的各种计量制跨度更大，其中的原创性和精巧性令人惊诧，每种计量制又深深地植根于本土文化。法国的计量制如何才能像它的规划者们想象的那样普及到全世界呢？

---

① John Playfair. Review of *Base du Système Métrique Décimal*, by Méchain and Delambre, *Edinburgh Review* 18 (January 1807), p. 391.

② 引自美国商务部，*The International Bureau of Weights and Measures 1875–1975* (Washington, DC: National Bureau of Standards), NBS Special Publication 420, p. 8。

英国的情况

18 世纪末，大英帝国几乎没经历什么革命狂热，计量制改革几乎也没什么动静。英国议会议员约翰·里格斯·米勒（John Riggs Miller，1744—1798）是度量衡改革的主要倡导者。1789 年 7 月和 1790 年 2 月，在英国下议院两次会议期间，他两次发表热情洋溢的演说，敦促人们创建某种源自大自然的、"始终如一的和恒久不变的"标准，这种标准"在任何时候以及任何场合都是等同的"。政府有责任创造一种方法，让人民的"购买、出售、缴费、交流、交易、吃饭、生活"都变得简单易行，"让最吝啬的读书人和脑子最快的卖家平起平坐"。他还说，只要走到十几二十千米开外，就会发现，土地面积、粮食重量、磅秤重量、液体容量等都会变得不一样。谁会从中受益？唯有"无赖们和骗子们"[1]。

法国的塔列朗-佩里戈尔部长得知米勒的想法后，给他写了封信。信中说道："由于空洞的荣誉感，利益冲突的负罪感，大英帝国和法兰西之间闹别扭实在太久了。是时候了，两个崇尚自由的国家应当联合起来，努力推进对全人类都有用的发现。"[2]

受此鼓舞，米勒就计量改革第三次在英国议会发表演说。他说："在科学方面，改革对人类的影响涉及道德层面、商业层面和哲学层面。"他阐述了改革对商业以及社会生活的好处；至于道德方面的影响，他认为复杂的和相互矛盾的度量衡会助纣为虐。在商业方面，既有的度量衡让商人们如履薄冰，还让他们经常面临法律诉讼。复杂的、不准确的度量衡会破坏科学研究，小的计量错误在

---

[1]　John Riggs Miller, *Speeches*, p. 18.

[2]　Ibid., p. 75.

商业领域无关紧要，甚至有人会巴不得出错，但在科学领域却是致命的。

如何从大自然获取各种计量标准，米勒就此提出四种可行的方法，秒摆以及子午线的一部分这两种已为人们熟知，另外两种——各种物体在一秒钟内掉落的距离，以及一滴水或一滴酒在特定温度下掉落的距离——则鲜为人知，而且眼光独到。假设掉落的物体大小一致，这类物体可用来定义标准重量和容量，甚至可以定义长度，条件是立方容器里的容量相等。米勒的方法可谓一箭三雕。可惜新提法不过是大胆的假设，很可能不切实际，因而米勒提议采用秒摆。"一旦有了普遍适用的标准度量衡，"说到这里，米勒顿了一下，接着说，"世界各国的旅行者谈论距离时就会很释然；在人们对此熟悉的基础上，世界各地的商人谈生意时就容易达成一致；世界各国的科学家在各自的领域同样如此。"度量衡应当建立在"恒定的、不变的基础上，由此才可能获得那些始终如一的标准，以便所有国家都能参照，用各自的度量衡与之对比，为共同的便利和全人类的利益，将各种度量衡缩减为一种恒定的、普遍适用的参照物；获取标准度量衡应当基于这样的原则：未来一代又一代人均可据其获得相同的长度、容量和重量"①。

英国人对法国革命的狂热始终保持着警惕；塔列朗-佩里戈尔号召英国人努力开发新计量制，英国人对此同样保持着警惕。英国的改革者们还注意到，法国人让本国公民接受"合理的"和"普遍适用的"计量制时遇到了一些麻烦。米勒的倡议未能唤醒平民，在接下来的选举中，他遭遇了败选。其他倡导计量改革的人还有乔治·斯基恩·基思（George Skene Keith，1752—1823），他在1791

---

① John Riggs Miller, *Speeches*, pp. 48–49.

年出版的小册子《大英帝国度量衡统一制式概要》(*Synopsis of a System of Equalization of Weights and Measures of Great Britain*) 一书中提议用秒摆作为自然标准，且在 1817 年出版的小册子《建立统一度量衡的不同方法》(*Different Methods of Establishing an Uniformity of Weights and Measures*) 中再次提到此事。另一位改革家是弗朗西斯·艾略特 (Francis Eliot，1756—1818)，他于 1814 年发表了《论国家政治和财政形势的公开信》(*Letters on the Political and Financial Situation of the Country*)；他提议的改革无疾而终，不过他在信里提议用"帝国"进行冠名却得到了认可，且很快被采纳，为英国的计量制进行了命名。

与法国同行不一样，英国改革家的影响力可没有那么大。他们宁愿单打独斗，也不想借助政府官员们，而且英国没有塔列朗 - 佩里戈尔那样的人物，也没有革命为他们的倡议贴上激动人心的和具有象征性的标签。当时法国的贸易和经济已接近破产，英国远不是这样。美国历史学家罗纳德·祖科评论说：

> 英国是世界上首屈一指的工业国，该国商业、制造业、金融业的领袖们宣称，过分突然的和激进的改变必定会损害当下的以及未来的经济增长率（直到如今，人们仍不厌其烦地重复这一说法）。如果必须更换机器配件，或者，如果必须调整英国的出口规模，难以名状的混乱必定会在国家经济层面体现出来，整个国家会陷入不景气或衰退。（相同的论调常常挂在美国各位反十进制发言人的口头。）他们宣称，更为明智的做法是，凡遇变化必小心翼翼地前行，仅仅修改对经济进一步增长可能造成伤害的现行计量的某些方面足矣。对这些论点以及民众中较为另类的群体的论点，伦敦方面很是认同，最终向 1824 年通过的立法做出了

妥协。基本原则是，不要革命，可接受适度修改。[①]

1814年，英国下议院一个委员会提议正式采用1758年为"卡里斯福特委员会"制作的标准"码"，另一个委员会则审视用秒摆作自然标准的可行性，所有工作于1818年结束。最终结果是，1824年，英国出台了《大英帝国度量衡法》。这是英国对二十多年前出现的公制计量的正式响应。

基于从罗马人那里继承的、通用于整个大英帝国的计量单位，该法案确立了英制计量单位体系。这一英制体系将各种长度度量衡和重量度量衡联系在一起，例如英寸、英尺、码、英里（1英里等于63360英寸）、格令、盎司、磅、吨（1短吨或1普通吨等于1400万格令）。对英国而言，通过立法形式将一个多世纪前开始使用的度量衡标准化，不啻为革命性成果。另外，这一体系将一个标准"码"与自然现象"秒摆"绑定，因而现行标准万一遭到损毁，也可重新建构。磅的定义为：在大气条件下，环境温度为16.67℃时，每平方英寸为30个大气压时，对1立方英寸蒸馏水进行称重。这两个标准存放在英国国会大厦内，地球上工业化最超前的国家终于有了度量衡标准。

1834年10月16日，工人们在英国上议院的地下室里焚烧"计数木牍"时，引燃了整幢建筑，一场大火焚毁了英国国会两院以及刚刚"扶正"的"帝国标准"。无巧不成书，人们臆想中的"自然标准"，正是为了应对这样的灾难。如果整个计量体系固化成前述标准，所有标准都可以恢复到与原来一模一样，不会出现变化。

---

① Ronald Edward Zupko, *Revolution in Measurement*, pp. 104–105.

乔治·艾里（George Airy，1801—1892）领导的一个科学委员会受命找出恢复这些标准的最佳方法。艾里是个专心致志、意志坚定、按部就班的人，他拯救了所有可拯救的东西，包括信件和账册。某传记作家评价说："他似乎没有毁掉任何一份文件。"他是个"能力高于科学家的组织者……唯其如此，才有可能实现大科学"[①]——这样的评价可以直接用于计量学本身。乔治·艾里一生引发的最大争议是关于重新发现消失的海王星。他向许多科学家提供了该行星的信息，人们确认重新发现该行星时，他偏偏不在现场，但他是"当代'政府科学家'式的典范人物"。在艾里的精心指导下，委员会发现，秒摆的不确定性比人们预想的更高，引力作用对许多细微变化和干扰非常敏感，远非人们想象的那么通用。几乎不可能确定秒摆的真实长度，更不要说用其接近人造标准的精度了。经过长期的、审慎的权衡，艾里领导的委员会于1841年12月21日宣布，秒摆的精度不足以用来重建长度标准。委员会只好利用现有旧标准的复制品动手重建各种新标准。

对于相信各种自然标准、相信普遍适用的计量制的人们来说，在一百五十年的时间里，秒摆曾经激发人们的想象。对计量而言，这原本应该是个胜利时刻，因为原本有可能证实，各种标准即便遭到损毁也可以重建，可如今反而成了个大笑话。

美国的情况

与此同时，由于刚刚经历过独立战争，美国改革家的革命势

---

① Olin J. Eggen, "Airy, George Biddell," *Dictionary of Scientific Biography*, vol. 1 (New York: Scribner's, 1970), pp. 84–87.

第五章　裹足不前的度量衡统一进程

95

头犹存。十年后，整个美国基础的政府构架和商业构架尚未完全定型，一多半还是从英国继承而来。整个国家刚刚独立，如果有更好的体系，领袖们当然愿意进行变革，这其中就包括国家的称重和丈量体系。

就度量衡而言，美国建国以前，美洲各殖民地各自为政，几乎没有一致性可言，这非常像欧洲封建割据时的情况。这种状况对国与国之间的贸易构成了一些困扰。1781年批准的《1777年邦联条例》授权美国国会"在全美范围内确立各种度量衡标准"（内容见第九条），国会却没有付诸行动。由于度量衡种类繁多，导致美国出现了与英国和法国当年类似的混乱局面。美国当时使用的仍然是继承自英国的体系。依据1785年《土地法令》进行的国土调查提倡使用旧体系。这与《土地法令》起草人托马斯·杰斐逊（Thomas Jefferson，1743—1826）的想法是相悖的，他一直在琢磨将十进制度量衡与秒摆结合在一起。如果《土地法令》晚出台十多年，美国就能得到绝佳的机会去从根本上重新定义自己的度量衡。

1785年，詹姆斯·麦迪逊（James Madison）还是弗吉尼亚众议院代表团的成员时，就给同为大陆会议弗吉尼亚代表团成员的詹姆斯·门罗（James Monroe）写了封信，抱怨美国的货币制度，号召国会成员进行干预。在同一封信里，麦迪逊顺便提到，国会应该管管与之相关却相对独立的度量衡问题。以下内容摘自该信：

> 按照见解独到、有哲学头脑的人们提出的想法做事，对联邦行政机构而言，必定会更方便，也更有面子。长度标准首先必须用赤道或某特定纬度秒摆长度在每一秒钟内的摆动频率校准；重量标准必须是立方体黄金，或其他质同的物体，其体积用标准长度校准过，这么做是不是更好？

麦迪逊表示，这么做不仅能在全美国建立统一的计量制，更有可能引领全世界建立共享的计量制。"人类说不同的语言，这是最大的不便。紧随其后的是，人们使用不同的、蛮不讲理的度量衡。"①

1785 年，官方正式接受美元作为基本货币单位，一年后还制定了完整的十进制体系，但称重和丈量仍然处于无人理睬的状态。

美国的当政者仍然在悉心琢磨治国理政的见解，强烈希望修改《1777 年邦联条例》的意愿于 1787 年直接导致对这一条例进行了彻底的检视。1787 年通过了《美国宪法》，其中授权国会设立"度量衡标准"（参见《宪法》第一条第八款）。1789 年，美国第一届国会召开会议选举乔治·华盛顿（George Washington）为第一任总统。1790 年 1 月 8 日，华盛顿在第一篇国情咨文中宣称："我接受大家的意见，美国的货币、重量、长度的统一是极其重要的目标，必须适时予以关注。"接下来，众议院于 1 月 15 日在纽约开会之际，议员们要求当时已是国务卿的托马斯·杰斐逊准备"一份适当的计划或数份计划，以便美国在货币、重量、长度方面实施统一"。

杰斐逊是落实此事的不二人选。无论在理论方面还是实践方面，他对科学可谓兴趣高昂。他曾经阅读过艾萨克·牛顿的《原理》，精通微积分，这足以让他利用已有的知识设计一款崭新的和具有独创性的犁。1773 年，他在老家弗吉尼亚当过县级土地测量员。虽然这是一项政治任命，但这一职位足以反映他的能力。在政治方面，他深深地卷入了美国革命，1776 年，他是美国《独立宣言》的主要执笔人。1779 年，他担任了弗吉尼亚州州长。他那本著名的《弗吉尼亚笔记》（*Notes on the State of Virginia*）是第一部

---

① James Madison, *Letters and Other Writings of James Madison*, vol. 1, 1769–1793 (Philadelphia: Lippincott, 1865), pp. 152–153.

THOMAS JEFFERSON

President of the United States

图 8　托马斯·杰斐逊，作为美国首任国务卿（1789—1793），他亲自起草了美国的第一项计划，拟建立"统一的货币单位、重量单位、长度单位"（国会没有批准该计划）；作为美国第三任总统（1801—1809），他创建了监管美国度量衡的第一个联邦政府机构"美国海岸测量"项目组

系统地、全面地研究独立后的美国的某一区域的专著。1785—1789年，他担任美国驻法大使（根据历史学家的说法，十多岁的奴隶莎丽·海明斯成为杰斐逊的女仆和情妇正是从法国开始的），尔后接受乔治·华盛顿的邀请，回国担任美国第一任国务卿。

1790年4月15日，杰斐逊接到指示，令其准备一份关于度量衡的提案，他完成初稿的时间大约是5月20日。他提议采用十进制，将标准与美国中部地区北纬38°测定的秒摆绑定。数周后，他意外地得到一份塔列朗-佩里戈尔在法国国民议会的演说稿，让他印象深刻的是，塔列朗-佩里戈尔将法国测定秒摆的纬度选在北纬45°，意在吸引英国参与其中。这一纬度是当年美国北部的主要边界所在地，是纽约州和佛蒙特州的最北部。对美国科学家而言，那里不方便开展工作。不过，杰斐逊坚持这么做，因为他"希望这一纬度成为美国与世界其他地区合为一体的纬线"。这说明他乐于将美国全新的、革命性的称重和丈量计划与欧洲正在酝酿的同类计划合为一体。

杰斐逊将提案交给两位信得过的老相识提意见，一位是财政部长亚历山大·汉密尔顿（Alexander Hamilton），另一位是戴维·里顿豪斯（David Rittenhouse），后者是费城著名的天文学家和仪器制造商、美国哲学学会前会长。汉密尔顿喜欢这份提案，没有提供什么实质性意见；里顿豪斯则不温不火地提了一堆意见。在英国人发现秒摆不足以成为理想的标准这一问题的半个世纪之前，里顿豪斯已经意识到这一点，且利用多种方式向杰斐逊指出了其中的错误所在。里顿豪斯劝告朋友杰斐逊，传统方式——制作人造标准——其实更好。然而杰斐逊对自然标准这一新奇想法实在太痴迷，难以割舍。听说费城钟表匠用长杆取代绳子制作钟摆，杰斐逊在提案里增加了这一内容，希望以此压倒里顿豪斯的反对意。1790年7月4日，杰斐逊完成了"美国建立统一货币、称重、丈量体系的计划"，并于 7 月 13 日将其提交给众议院。该报告提议安装铁质圆柱形长杆的标准秒摆，在海平面高度进行测定。杰斐逊在报告里指出，如今这种装置的精确性很高，考虑到科学趋势"正在向完美发展"，出错的概率会越来越小。

杰斐逊指出，在大陆会议期间，美国已经废除了英国的货币系统，即基于英镑、先令、便士、铜板的系统，用十进制的美元和美分系统取而代之，因而众议院可以考虑对新的称重和丈量体系实施"同样的改革"。这样的改革肯定"会很快被广大人民群众敏锐地感觉到"，买东西数钱时，人们会感觉新系统比"复杂的、有难度的现行货币系统"更容易上手。不过，杰斐逊也意识到了其中的困难，"改变全民固有的习惯"有可能是"这项改革中无法逾越的障碍"。因此，他向众议院提出两项计划，一个涉及十进制，另一个涉及原有的计量单位，两项提议都把计量单位与秒摆维系在了一起。

提议一： 保留从英国继承的称重和丈量体系，不过，将这些计量单位与某种自然标准关联，使之"统一和恒定"。杰斐逊赞赏"卡里斯福特委员会"1758 年和 1759 年的观点，称其为"对现行英国称重和丈量标准描述最到位的铁证"。他把在北纬 45° 测定的标准摆杆等分为 587.5 份，定义其中的每一份为"兰斯"，然后将其与英国的线性计量单位画等号，如下表：

10 兰斯（lines）= 1 英寸（inch）	5.5 码（yard）= 1 杆（perch/pole）
12 英寸（inch）= 1 英尺（foot）	40 杆 = 1 弗隆（furlong）
3 英尺 = 1 码（yard）	8 弗隆 = 1 英里
3 英尺 9 英寸 = 1 厄尔（ell）	3 英里 = 1 里格（league）
6 英尺 = 1 英寻（fathom）	

杰斐逊提议，保留面积单位与原有面积单位一致，1 英亩（acre）=

4 路德（rood），1 路德 ＝ 40 平方杆（square pole）。至于容积单位，1 加仑（gallen）应等同于 270 立方英寸，其他等分单位包括夸脱（quart，4 夸脱 ＝ 1 加仑）和品脱（pint，2 品脱＝1 夸脱）；倍数单位包括配克（peck，相当于 2 加仑）、蒲式耳（bushel）或弗京（firkin）（相当于 8 加仑）、strike 或英制液量桶（kinderkin）（相当于 2 蒲式耳）、标准桶（barrel）或库姆（coomb）（相当于 2strike）、豪格海大桶（hogshead）或夸脱（相当于 2 库姆）、最大桶（pipe，相当于 2 豪格海大桶）、吨（相当于 2 最大桶）。至于重量单位，杰斐逊提议，1 盎司重量应当是各边长为 1/10 英尺立方体雨水的重量——或者，相当于 1 立方英尺雨水重量的 1/1000。其等分单位计有本尼威特（pennyweight，相当于 1 盎司的 1/18）、格令（grain，24 格令 ＝ 1本尼威特）；其倍数单位是磅（相当于 16 盎司）。

提议二：对整个计量制实施"彻底改革"。如此一来，秒摆长需要切分成五段相等的长度，每段长度称为"英尺"。这样的英尺可等分为 10 英寸，英寸可等分为 10 兰斯，兰斯可等分为点数。进一步说，10 英尺 ＝ 1 英丈，10 英丈 ＝ 1 路德，10 路德 ＝ 1 弗隆，10 弗隆 ＝ 1 英里。面积单位主要为这些长度单位的平方；容积单位采用立方英尺或蒲式耳计量。1 蒲式 ＝ 10 半加仑（pottle），1 半加仑 ＝ 10 半品脱，1 半品脱 ＝ 10 米特，1 米特 ＝ 1 立方英寸。蒲式耳的倍数为夸脱（相当于 10 蒲式耳）和双吨（double ton，相当于 10 夸脱）。标准重量单位用 1 立方英寸的雨水计量，其定义为盎司，盎司可等分为双斯克鲁普（10 双斯克鲁普 [double scruple] 为 1 盎司）、克拉（carat，10 克拉为 1 双斯克鲁普）、量滴（minims，10 量滴为 1 克拉）、麦特（10 麦特为 1 量滴）；盎司的倍数为磅（相当于 10 盎司）、英石（stone，相当于 10 磅）、坎特尔（kental，相当于 16 英石）、豪格海大桶（相当于 10 坎特尔），凡此种种。

后来，杰斐逊听说，法国人改主意了，从秒摆改为子午线了，他非常失望，这一改变似乎背离了雄心勃勃的度量衡大一统的想法，而统一是度量衡最主要的优势之一。他在一封信里剖白道：

> 就事情本身而言，法国国民议会采纳的测量要素排除了地球上所有国家与法国人共享度量衡的可能。法国人自己也承认，在穿过纬度45°的地方截取一段子午线进行端到端的计量，除了法国，地球上其他国家在同一纬度没有相同的测量要素。接下来的问题是，其他国家必须采信法国人的测量结果，不然就得自行派人前往法国测定。不仅如此，今后一旦法国人试图修改度量衡，其他国家也得亦步亦趋。诸如秒摆这样的度量衡在两个半球任一纬度45°点均可测出相同的数值，依此而论，地球上所有位于同一纬度的国家均可测出相同的数值，南北半球均如是；而法国人却选择北半球同一纬度唯一的点，也就是说，他们也选择了唯一的国家，即他们自己。[1]

杰斐逊的报告于 1790 年 7 月 13 日提交美国国会，对美国度量衡改革来说，这份报告可谓生不逢时。当时人们已经在美国西部定居，土地测量业已完成。就推行新计量制来说，任何延误都会使推翻现行计量制更加困难。然而，国会推迟了讨论此事的时间——国会于 8 月 12 日复会，直到 12 月才开始讨论。12 月 7 日，星期二，华盛顿再次教促国会就度量衡问题采取行动，此议题出现在他的第二次讲话里，杰斐逊的报告随后分派到了一个委员会。

---

① Thomas Jefferson, *The Writings of Thomas Jefferson*, vol. 8 (Washington, DC: Thomas Jefferson Memorial Association, 1907), pp. 220–221.

由于被其他更为紧迫的问题缠身，美国国会从未对杰斐逊那雄心勃勃的计量体系采取行动。1791 年 10 月，华盛顿第三次对国会发表讲话，他再次敦促国会采取行动。参议院任命了一个委员会处理此事，该委员会于 1792 年 4 月批准了杰斐逊的提议，却推迟了由参议院复议此事的进程。随后，该委员会又有数次耽搁，始终不见行动。1798 年、1804 年、1808 年，参议院数个委员会多次接受这一提案，却始终不见行动。

1801 年，杰斐逊当选美国第三任总统，他另辟蹊径，借助自己在测量领域的兴趣，对美国的计量制做出了具有深远影响的安排。1803年，他通过谈判促成了"路易斯安那购地案"，从法国人手里买下了超大面积的领土，让年轻的美国的领土扩大了差不多一倍。他不仅对测量那片领土感兴趣，对测量其他土地同样有兴趣。他派出了"路易斯和克拉克远征队"来开辟通向太平洋沿岸的通道，调查那边的资源。排在杰斐逊日程表首位的是找到大规模测量美国土地的方法。

1806 年，一个解决方案悄然而至。杰斐逊任期内的造币局局长罗伯特·帕特森（Robert Patterson）写来一封推荐信，举荐一位新来的瑞士移民——费迪南德·哈斯勒（Ferdinand Hassler，1770—1843）。他在信中介绍说：

> 他是个有着良好科学素养和教育素养的人，另外……他在其祖籍国是个举足轻重的人物。他希望在美国找一份工作，而美国正需要在测量和天文学领域富有经验的人。他愿意参加探险远征队这一先生已经启动的项目。[1]

---

① 引自 F. Cajori, *The Chequered Career of Ferdinand Rudolph Hassler* (New York: Arno Press, 1980), p. 38.

图9 费迪南德·哈斯勒，"美国海岸测量"项目组第一任总负责人

帕特森在信里说，随信附去一份让哈斯勒事先准备的个人背景介绍，然后他又介绍了后者的其他一些优点：

> 除了拉丁语，他还会说德语、法语、英语、意大利语。虽然我对数学谈不上精通，却称得上熟悉，有足够的判断力。综合起来说，他熟悉数学，这方面学识非常渊博。除此以外，他还非常熟悉化学、采矿以及自然科学的其他门类。简而言之，阁下，我相信，对收容他的这个国家而言，他可能会派上用场。他手里有非常有价值的藏书，还有一套测量仪器和天文仪器，其重要性绝不亚于我一生见过的其他仪器。

后来，事实证明，哈斯勒很难与人共事。他"既任性又气人，还不合作"[1]，这是一位当代科学史学家对他的评价。但是，他成了美国早期测量领域以及创建美国度量衡的重要人物。

---

[1] Nathan Reingold, "Introduction," in F. Cajori, *Chequered Career*, n.p.

哈斯勒的父亲是个瑞士钟表匠。哈斯勒性格像父亲，从小对仪器感兴趣，很早就参与了户外测地活动，为瑞士伯尔尼画地图。欧洲战事迫使他来到美国，成了农夫。他来美国时带了些书籍和仪器，包括法国公共安全委员会时期的标准米和标准千克复制品，以及法国"突阿斯"和英国"磅"的计量标准。

哈斯勒在费城结识了杰斐逊的几位朋友，包括造币局局长帕特森；另外还有约翰·沃恩（John Vaughan），他是红酒商人，美国哲学学会图书管理员；以及亚瑟·加勒廷（Arthur Gallatin），他是一位出生在瑞士的彬彬有礼的外交官，同时也是行政官、政府雇员。所有人都折服于哈斯勒对度量衡的精通，以及他的测量能力，并且意识到，对年轻的美国来说，他的技术肯定有用。约翰·沃恩买下哈斯勒的称重和丈量衡器，然后给杰斐逊写了封信，信中说道："长期以来，统一称重和丈量体系这一重要目标一直是你的夙愿，因而我要说的事肯定会让你高兴，最近我弄到手的法国的突阿斯 - 米计量标准、突阿斯 - 千克计量标准、英国的金衡计量标准，是从哈斯勒先生手里买来的，一旦国家开始关注计量标准，这些都可作为计量标准的参照。"①

虽然杰斐逊一开始有疑虑，他很快也意识到了哈斯勒的技能。他建议国会授权对美国海岸沿线进行一次系统的调查。1807 年，国会批准了杰斐逊的提议。哈斯勒接受提名，担任总负责人，被派往欧洲采购一些测量仪器，以及更多度量衡标准复制品。然而，该项目遇到了阻力。由于美国第二次独立战争，哈斯勒暂时无法返回美国。直到 1816 年，政府才正式任命他为"美国海岸测量"（U.S. Coast Survey）项目组的总负责人。不过，他的任期并不长。

① F. Cajori, *Chequered Career*, p. 42.

他的工作进展缓慢，他趾高气扬的处世态度让身边的人与他渐行渐远。不仅如此，国会里许多人不同意由外国人负责如此有声望的项目，反对哈斯勒的人通过了一项议案，委托一位美国军方人士领导该调查项目。哈斯勒被迫交出权力。不过，他最终还是回到了领导岗位。

1817年，美国参议院要求国务卿约翰·昆西·亚当斯就国外的度量衡、美国各州相关规定，以及在美国建立统一度量衡的前景等准备一份报告。亚当斯曾经在国外待过很长时间，最初是陪同父亲约翰·亚当斯（John Adams，1735—1826），后者当选美国副总统和总统前，曾任驻法国和驻荷兰的大使。小亚当斯后来还去过芬兰、瑞典、丹麦、西里西亚、普鲁士，最后还担任了美国驻俄国和驻英国大使。在遍访这些地区的过程中，亚当斯对欧洲承袭而来的种类繁多的度量衡以及新的十进制颇感兴趣。1817年，詹姆斯·门罗总统把亚当斯从驻英大使的位置上召回，让他担任国务卿。亚当斯接过了耽搁已久的度量衡问题，把它们重新提上日程。

亚当斯是个工作狂，正好赶上美国历史发展的紧迫时期，他亲手写成了"门罗主义"（Monroe Doctrine）文件。该文件宣称，美国将抵制欧洲介入美洲事务，避免干涉他国事务。"门罗主义"的名言是，美国"不会前往海外寻找怪物摧毁之"。他认为，研究度量衡迫在眉睫，美国在这件事情上已经空耗了三年时光。他要求美国各州提交相关法律文件，还系统地审视了欧洲的各种计量制。他没有找一帮实习生或助手研究文件，也没有组织写作班子代笔，事事亲力亲为。他每天早上5点起床，有时起得更早，奋笔疾书。父亲建议他放下项目，到马里兰州参加一年一度的家族度假，他拒绝了；他太太抱怨说："他满脑子装的都是度量衡，别人都以为他来到人间正是为了这件事。"[1]

随着报告的成形，亚当斯多了些个人抱负。"人们当初以为，这个项目无非能形成一套计算用的表格和公式，"一位历史学家这样评论道，"但在亚当斯的主持下，这个项目成了人们的一种希望，通过它，政府可提升民众的福祉。"[2]

1821 年，亚当斯向美国国会提交了一份 135 页的报告，还附了一份上百页的附件，报告涵盖了度量衡的历史，分析了度量衡改革的前景和问题。报告涉及理论和实践，涉及科学议题和政治议题，还包括哲学层面的质疑。在演示手段多样化的今天，大家很难理解这份报告——没有标记重点，没有概括，没有摘要，内容经常前后重复，风格一会儿絮絮叨叨，转瞬又精辟透彻，但这份报告确实思想深邃、影响深远。

亚当斯的报告以追溯度量衡的起源开篇：从最初人类用身体的一些部位作为量具，谈到进入文明社会以后需要度量衡的标准化。他对这一过程涉及的信任问题和道德问题，以及立法涉及的各种困难非常敏感。报告称："大自然具有多样性的根源，立法者无法对其视而不见，也无法试图对其进行控制。"对英国体系和法国体系进行充分对比后，亚当斯坚决主张采用法国体系。他声称，英国体系是个"倾圮的体系"，整个体系的命名"充满了混乱和荒诞"。反观法国体系，如果广泛启用它，对人类而言则意味着前进了一大步。"统一度量衡追求的是理想的完美。无论命中注定是成功还是失败，它都会给构思它的那个时代，以及尝试落实它的那个国家带来永不褪色的荣耀。事实上，它已经在一定程度上取得了成功。"

[1]　Marie B. Hecht, *John Quincy Adams* (New York: Macmillan), p. 263.

[2]　Ibid., p. 264.

亚当斯希望，这一计量体系会让全世界"位于遥不可及的不同地区的居民之间"产生联系，"从赤道带到极地，人们都用同一种称重和丈量方法进行交流"。[①]他还进一步强调说：

> 对人类社会的每一位成员来说，称重和丈量可以算作生活的不时之需，也是每个家庭的经济安排和每日生计。对每一种职业而言，对每一种财富的分配和财富的安全性而言，对商业和贸易的每一次交易而言，对农夫的各种劳作而言，对能工巧匠的精良作品而言，对哲人的各种探索而言，对古文物的各种研究而言，对水手的航行和士兵的推进而言，对所有和平的交换和战争的行动而言，它们都是必备的。人们每日都会用到各种称量，人类对它们的认知属于人生最早接触的教育内容。往往在学习其他知识之前，人们首先学到了它们，甚至早于学习读书和写字。由于人们一生所从事的各种职业都会用到它们，习惯使然，对它们的认知会深深地植根于人们的记忆里。[②]

亚当斯认为，公制计量体系是"赋予人类的一种更大的新权力"，"自印刷术发明以来，人类最伟大的发明是公制计量"。不仅如此，在促进和简化交易、倡导公平方面，公制计量还具有道德层面的优势。在消除奴隶制方面，亚当斯将公制计量与改善道德水平和政治水平相提并论。优秀的计量制不会让任何人占大便宜，"不会给任何贪婪的和有野心的项目"戴上面具，"不会给任何自私的和别有用心的担保"披上伪装。亚当斯的报告称，如果人类能够造

---

① John Quincy Adams, *Report upon Weights and Measures* (Washington, DC: Gales & Seaton, 1821).

② Ibid., p. 120.

出一模一样的武器互相残杀，却无法用相同的度量衡管理日常生活，岂不是滑天下之大稽！

亚当斯预见到，立法方面的困难不可避免。称重和丈量牵扯到生活的方方面面，改变它们必然会"影响到每个男人、女人和孩子的幸福安康"。他认为，不用与法国革命时期相提并论，即便和法国当前面临的情况相比，美国面临的阻碍更大。在报告结尾处，亚当斯建议美国不改变现行度量衡，但他强烈建议国会"与其他国家进行磋商，以便未来最终建立广泛的和永恒的统一度量衡"。如果真能启动度量衡统一，它必将"造福人类，其功绩将流芳百世"，所有参与完成它的人"必将成为全人类最伟大的恩人之一"。不过，目前时机不像在法国那么成熟，但他总结说统一度量衡的影响终将溢出法国，"必须等待时机，人们长时间和实实在在地享受到的好处被公之于众，并足以对其他国家的旧观念形成优势时，其影响力必定会给弹簧带来动力，给轮子指明方向"。[①]

历史学家威廉·阿普尔曼·威廉斯（William Appleman Williams）评论说："在世界范围内，此前没有哪个思想家或政治经济学家用可比的方式让基本的度量衡问题（或者学术界人士常见的、至关重要的计量制成分）如此个性化和人性化。"[②]

亚当斯的报告堪称睿智，只是篇幅过长，极少有人通读过，连他父亲都没有。看完报告的结论后，国会议员们却决定最好什么都不做。1821 年，亚瑟·加勒廷——当时他是驻法国公使——送回美国一套铂金制的"千克"标准和"米"标准的复制品。六年后，加勒廷已是美国驻伦敦大使，亚当斯已是美国总统，前者给后者带回

---

① John Quincy Adams, *Report*, p. 135.

② William Appleman Williams, *The Contours of American History* (Chicago: Quadrangle Books, 1966), p. 215.

一个"帝国磅"砝码——根据 1824 年通过的《大英帝国度量衡法》授权,于 1758 年制作的砝码的复制品。1827 年 10 月 12 日,通过专门的仪式,亚当斯接收了这一砝码。此前在伦敦,人们已经将它封装到一个木桶里,美国人将其当标准使用了将近七十年。1828年,人们将一块黄铜的金衡磅存放在费城造币厂内,指定其为造币专用"标准金衡磅"。

1832 年,美国国会采取行动,委托国内一些海关机构对度量衡进行一番比对。其时,哈斯勒已经恢复了美国海岸测量项目组总负责人的身份,这一任务交由他负责。执行任务过程中,哈斯勒发布了美国度量衡管理局的第一份官方科学文件,它也成了美国政府签发的第一批官方科学文件之一。[①]1836 年,美国财政部长受命制作一套重量和长度参照物,然后分发给各州州长,但没有正式构建什么计量体系——既没有确定沿用英制,也没有采用公制;另外,除了诸如海关部门和造币这类特殊部门,美国各州对待这类事务依旧各行其是。

法国的情况

1799 年 11 月 9 日——这是个著名的日子,人们将法国革命新历第八年的这一天称作"雾月十八"———一个名叫拿破仑·波拿巴(Napoleon Bonaparte)的将军发动政变,推翻了督政府。谣传说,革命狂热催生的新公制计量也寿终正寝了。一年后,拿破

---

① F. R. Hassler, *Weights and Measures: Report from the Secretary of the Treasury in Compliance with a Resolution of the Senate, Showing the Result of an Examination of the Weights and Measures Used in the Several Custom-houses in the United States, &c.*, Document No. 299, 32nd Cong., 1st sess., July 2, 1832.

仑开始为旧名称取新名称，以淡化新公制计量的影响，例如，旧衡磅（livre métrique）等于千克。六年后，虽然拿破仑保留了新公制计量，让新旧两种计量制磕磕绊绊地共存，他却放弃了革命新历。1812 年，他再次从公制计量后退一步，允许人们使用非公制计量的分数和倍数。法国人追求计量制的合理性和普遍性的狂热似乎正在降温。法国政治家本杰明·康斯坦特（Benjamin Constant）对此评论道：

> 用一部法典搞定一切，用一种计量制测量一切，用一套规定管理一切……如今人们正是这样看待社会构架的完善的。……一致性是响亮的口号。哀哉！确定无疑的是，人类不可能按照一致的和相同的模式重建城市，为此只能将所有城市都夷为平地；或者，为了按照预想创造唯一的平原，需要铲平各地的山头。说实话，让我惊讶的是，至今没有人下旨，命令每个人穿相同的衣服，以便上帝眼不见无序，眼不见令人不快的多样性。①

1814 年，拿破仑遭到废黜，公制计量已死的谣言再次漫天飞舞。不过，新政权再次肯定了这一计量制，使之继续存在了二十多年；同时，新政权并未放弃旧计量制。1821 年，亚当斯的报告称，人们仍在沿用旧名称，这让他感到诧异。他还说，公制计量的命名方式"非常简单、非常出彩"。在报告中，他说道：

> 新增了十二个词，其中五个用于描述事物，七个用于数

---

① 引自 Witold Kula, *Measures and Men*, p. 286。

字，包括整个计量体系以及体系内的每一种重量、尺度、倍数、分数都有了明确的和有意义的名字；所有引起重量和尺寸误差以及混乱的最糟糕的根源是不同的事情冠名却相同，现在全都弃之不用了；务必时刻牢记十进制的运算法则，它把重量和尺寸，每种重量和尺寸的比例，包括它们的所有倍数和分数，最深层次的科学研究，最复杂的劳动艺术，以及国内各社会阶层和生存环境里的人们每天的工作和需求全都结合在了一起。[1]

亚当斯的报告称，可惜的是，革命性的法国计量制及其命名方式却难以持久。法国人"拒绝学习、拒绝重复这十二个词，他们乐于对事物进行彻底的、激进的变革，却坚持用旧名称称呼新事物。他们接受'米'，不过他们一定称其1/3为'英尺'；他们接受千克，不过他们从不开口说这一名称，他们宁愿说它的一半——'磅'"。

公制计量后来又暴露出更多问题，人们不仅在皮埃尔·梅尚和让·巴蒂斯特·德朗布尔的工作中发现了错误，也在他们对子午线的测定中发现了错误，这意味着，存档的米原器比巴黎子午线的千万分之一这一定义短了数"兰斯"（大约 0.2 毫米）。不仅如此，存档的千克原器比 1 立方分米水体也轻了一点——精准地加工成型一个立方分米容器远比想象的难许多。不过，科学家们决定，继续沿用这些标准，用它们定义计量单位，原因有二：一、改变它们会造成极大的不便；二、从现实的角度来说，沿用它们不会带来危害。

---

[1]　John Quincy Adams, *Report*, p. 55.

1827 年，在巴黎召开的一次科学会议期间，一些科学家指出，如果一颗彗星或小行星撞击地球，改变地球的形状或自转的角度，可能会同时改变子午线的测定值和秒摆。遇到这种情况，人类将如何定义"米"？显然，与 18 世纪科学家们的想象不同，地球并非自然标准的理想采集地。在这群与会者中，有几个思维敏捷的人已经开始琢磨可行的、独立于地球实体之外的标准。英国化学家汉弗莱·戴维（Humphry Davy, 1778—1829）爵士提议采用毛细管作用，即由于"原子间力"（interatomic forces）作用，流体在有限空间内产生的上升现象；他提议，基本长度标准可以用一根细玻璃管的直径确定，管子吸取的水量等于其直径，而且他推定这种独一无二的长度不受重力影响。将汉弗莱·戴维的定义付诸实施困难重重，行不通。认识到这一点后，法国物理学家雅克·巴比内（Jacques Babinet，1794—1872）提议，应当利用光波作为基本长度标准。当时他正在研发计量光波的方法。"虽然这两个研究项目远不是什么新东西，观察它们的技术手段也可以实现，却从未有人尝试过。"巴比内在文章中称，"另外，实话实说，这没什么可遗憾的，因为它们没有什么实际用途。"[①]

1830 年，路易·菲利普（Louis Philippe，1773—1850）成了法国国王，他于 1837 年派人审视了公制计量体系，然后恢复了该体系。1837 年 7 月 4 日颁布的一项法令称，公制计量体系将于 1840 年 1 月 1 日起强制生效。从那天起，任何人违法使用非公制计量单位，将依据每使用非公制计量一次罚款 10 法郎予以处罚。将近半个世纪后，公制计量终于在其诞生地得到广泛应用。

从 1790 年到 1850 年，法国、英国、美国分别采取极为不同

---

① Jacques Babinet, *Annales de Chimie et de Physique* (1829), pp. 40, 177.

的方式对待各自的新度量衡体系。挣扎半个世纪后，法国人终于强制执行了十年公制计量。在此期间，他们意识到，将"米"和地球子午线的某一段绑定，这样的想法不切实际；英国人将称重和丈量标准并入了英制体系，可他们意识到，将"码"和秒摆绑定，这样的想法同样不切实际；而美国尚未确立任何度量衡标准，尚未宣布哪一种体系为法定体系。人们在追求自然标准的过程中得到了十进制，但公制计量尚未在全球普及。

第六章

"当代文明最伟大的胜利之一"

19 世纪中叶，大英帝国看起来已经势不可当。1851 年 5 月 1日，英国举办了一场盛大的活动，伦敦万人空巷。人们都向海德公园蜂拥而去，前往万国工业博览会的开幕式看热闹，这是同类博览会的开山鼻祖。维多利亚女王亲自主持了一系列典礼活动。上午11 点刚过，在一身戎装的丈夫阿尔伯特亲王、两个孩子的陪同下，身穿粉色波纹绸正装、佩戴"光之山钻石"的女王乘坐马车往公园方向驶去。她的车队由九辆国宾车组成。刚离开白金汉宫，乘客们目光所及之处都是幸福的、欢呼的人群。闪闪发光的玻璃展厅渐渐映入宾客们的眼帘，展厅长将近 2000 英尺，由镶嵌在上万根铸铁梁柱之间的 100 万平方英尺（计有 30 万个窗棂）玻璃构成。设计这座巨型建筑时，人们已经考虑到，展厅应容纳上万个参展商的近10 万件展品，34 个参展国的国旗将高达 21 米的中央穹顶装扮一新。

创刊初期的《笨拙》（Punch）杂志以讽刺为特点，它将万国工业博览会的所在地美其名曰"水晶宫"。维多利亚女王的座驾在"水晶宫"前停下，在阿尔伯特亲王和两个孩子的陪伴下，女王来到中央大厅，所经之处满眼都是彩旗和帷幔，以及来自世界各地的外来植物和枝繁叶茂的榆树。女王登上王位就座后，在开幕式上，阿尔伯特亲王代表王室致开幕词，他说："科学揭示了力、运动和转换的规律，地球为人类提供了丰富的原料，而工业将这些规律应用到原料上，唯有知识让它们变得有价值。艺术让人类懂得了美丽和对称的恒久法则，让人们依据这些法则使产品成形。"①

在坎特伯雷大主教率众祈祷、六百人的合唱团演唱亨德尔的《哈利路亚大合唱》、放礼炮、王室伉俪在博览会转场一周后，博览会向公众全面开放。

1851 年的万国工业博览会

虽然举办博览会不是阿尔伯特亲王的主意，却成了他的最爱。近十年，许多城市举办过小规模的制造业和工程技术展示会，阿尔伯特亲王的野心比这大得多，他希望向全世界展示英国制造业和工程技术的高超技艺，及其给大英帝国带来的繁荣局面和支配全球的地位，外加世界范围的工业革命——它带给文明的正面影响，它的典雅，甚至还有它的美。万国工业博览会是一个新纪元的开篇，有时候，人们将其称为"第二次"工业革命——一个集机械化、国际贸易、国际合作为一体的快速增长期。

与此同时，这次博览会无意间揭示了另外一些东西——第二次工业革命已然处于危机中。由于计量制种类繁多，甚至英格兰自身也受到了制约。博览会推动了改革多种计量制的重重努力，二十多

---

① Robert Brain, *Going to the Fair: Readings in the Culture of Nineteenth-Century Exhibitions* (Cambridge: Whipple Museum of the History of Science, 1993), p. 24.

年后，这些努力终于促进各国签署了一项国际协议，成立了一家监管全世界称重和丈量体系的国际机构。

19 世纪上半叶，经过长时间的临产阵痛，公制计量已然在法国站住了脚，另有四个国家接受了它，其中三个是法国的邻国——比利时、卢森堡和荷兰，另一个是法国的殖民地阿尔及利亚。其他国家都不同程度地抵制公制计量，因为长期以来人们对法国革命的溢出效应感到恐惧，而且对现行计量制并没有严重不满。1840 年，法国强制执行公制计量。为推广使用，法国外长弗朗索瓦·基佐（Francois Guizot）将公制计量标准的样本分别送往一些国家，最终却铩羽而归。

在解决计量单位和计量标准方面，万国工业博览会集中展示了国际机械的进展，这凸显出对更高的工程精度和更广泛的国际合作的需求。参展的展品有许多创新性的计量机器，包括英国发明家约瑟夫·惠特沃斯（Joseph Whitworth）制作的数台机器，可测量百万分之一英寸这样的长度。在对比各种机器和仪器的优劣时，由于各国参展商使用的度量衡不同，评判员们也觉得无能为力。好在法国国立工艺学院也在参展商阵容里，其展品就包括了公制计量用具。这次博览会在挑明问题和提供有前景的解决方案两方面都引起了人们的关注。

此次评判员们面临的困境推动"促进艺术、商业、制造业协会"引进十进制度量衡，这是"提升国家艺术、商业、制造业方面最为重要的步骤"，实质上也是为了让"全世界接受一种统一制式"，而公制计量是明智的选择。①

---

① 引自 Edward Franklin Cox, "The Metric System: A Quarter-Century of Acceptance (1851–1876)," *Osiris* 13 (1958), pp. 358–379, at p. 363。

威廉·法尔（William Far, 1807—1883）来自医学界，是最早的国际合作倡导者。法尔是个医学统计学家，他对医学用语不统一造成的失误有切身的体会：

> 无论多么不完善，统计学中统一命名方式的优势还是很明显的。让人惊讶不已的是，强行落实《死亡率报表》至今没有引起人们的关注。多数情况下，每一种疾病总会用三四个名称加以描述，同时，每一种病名也会应用到尽可能多的疾病上。人们总是用含混的、不方便的名称命名，而不是基于基本的病情。犹如度量衡对物理科学很重要，对调查部门而言，命名方式的重要性怎么说都不为过，这一问题应当刻不容缓地解决。[①]

1853 年，第一届国际统计大会在布鲁塞尔召开。大会通过了一项决议，要求"没有公制计量的各国在公布统计报表时增加一栏本地度量衡与公制计量的换算提示"。[②]1855 年，第二届国际统计大会召开之际，为推动统一度量衡获得国际认可，与会者成立了一个组织——"谋求十进制丈量、称重、货币统一国际协会"。第一任会长是罗斯柴尔德（Rothschild）男爵，他是法国著名的罗斯柴尔德金融家族的后裔，全力支持推广十进制。1860 年，第四届国际统计大会在伦敦召开，与会者号召各成员国代表在其国内推动公制计量的应用。那一年，另有四个国家上了接受公制计量的名单，它们是：哥伦比亚、摩纳哥、古巴、西班牙。

接下来二十年，为促进公制计量大业，1855 年在巴黎、1862

---

① *First Annual Report* (London: Registrar General of England and Wales, 1839), p. 99.

② 引自 Edward Franklin Cox, "The Metric System," p. 363。

年在伦敦举办的两届国际博览会都做足了工作。在英国，下议院任命了一个委员会，就此问题还召开过几次听证会。该委员会意识到，支持英制计量的人极少，因而建议英国国会启动程序，"谨慎并坚定不移地将公制计量引入英国"[1]。然而，上议院的行事拖沓和兴趣寡淡导致相关提案少人问津，最终出台的 1864 年的《大英帝国度量衡法》允许英国在合同中使用公制计量，但并未允诺其在贸易中合法化。1868 年，另一个皇家委员会提交了一份提案，要求国家接受公制计量体系。这一举措再次在下议院获得通过，却在上议院被否决。

各种帝国标准在国会激辩中遭遇戏剧性的失败，加上没有办法利用秒摆再造一套标准，让许多相信自然标准的著名英国科学家都丧失信心。约翰·赫歇尔（John Herschel）曾经在一个恢复自然标准的委员会任职，他说："我们的'码'纯属自用的实物，唯有通过谨慎的复制才能使其长存。目前的做法等于故意排除了与自然挂钩的所有可能性，好像它是从云端跌落一般。"[2]标准一定要是人为定制的，国家设立计量标准的目的是为了各行各业的繁荣，其他都无关紧要，这些都是教训。赫歇尔在文章中称："如果从商业、人口、土地面积等多方面考虑，我们的欧洲大陆邻邦向我们的单位看齐，似乎'合情合理'……远比我们采取行动向他们靠拢合理。"[3]

1868 年，公制计量提案在英国遭遇失败。一年后，借助英制标准在英国历史中的长期辉煌战绩，英国标准委员会强势出击，打压公制计量狂潮。维护英制标准，仅仅举出爱国主义这一个理由已经足矣。

---

① 引自 Edward Franklin Cox, "The Metric System," p. 368。

② John Herschel, *Familiar Lectures on Scientific Subjects* (London: D. Strahan, 1867), p. 432.

③ Ibid., p. 445.

抵制公制计量过程中，社会达尔文主义思想家赫伯特·斯宾塞（Herbert Spencer）甚至引入了哲学议题，正是此人把"适者生存"应用到社会学上。对于许多科学家偏爱统一计量制这一点，他给予了严厉的批判，他认为"永恒的标准"这一想法本身就是一件让人讨厌的事，甚至是反自然的，正因为有多样性和你死我活的争斗，大自然才繁荣昌盛。斯宾塞 1903 年去世，他在遗嘱中声明每当有人在英国议会提交赞成公制计量的议案，必须重印他关于此议题的说法，分发给各位议员。

虽然工业大国英国最终未能接受公制计量，却差一点接受它，这一点本身已经成为世界性新闻，也提高了公制计量的声誉。在美国，国家科学院于 1863 年建议国会接受公制计量。1866 年，美国国会颁布了安德鲁·约翰逊（Andrew Johnson）总统签字生效的法案：

> 本法案涉及授权使用公制度量衡，拟请美利坚合众国参议院和众议院于国会会期予以颁布。本法案一经通过，即准许公制度量衡在美利坚合众国全境合法使用，自批准之日起，不得因度量衡采用公制表示和标识而视其为无效，适用范围包括合同、交易和法庭辩护。[①]

与 1864 年的《大英帝国度量衡法》如出一辙，约翰逊总统签署的上述法案几乎没改变什么：法案没有宣布统一标准，只是让公制计量得到了法律认可。不过，这是美国第一次就度量衡问题出台一项一般性法案，也是第一次宣布一项制度——美国的所有制度均

---

① Act of 28 July 1866 (14 Stat. 339).

包括在内——在美国全境合法。如此一来，人们的注意力便被引向了公制计量。接下来数十年，赞成公制计量的活动喷涌而出，包括康涅狄格州、新泽西州、马萨诸塞州在内，多个州提倡在教学中加入相关内容。1866 年的立法提供的法律框架允许美国参与有关公制计量协议的国际谈判，该协议不久后即开始运作。

相关谈判始于 1867 年——对于为公制计量高唱赞歌者而言，这是关键的一年——也即召开数次国际会议之后。第六届国际统计大会（1867 年在意大利佛罗伦萨召开）期间，与会者敦促各国广泛接受公制计量。1867 年巴黎世界博览会期间，一顶宣传帐篷矗立在中央公园的核心区域，里边展示各参展国的砝码、量具、货币。法国则是全面展示了公制计量。讨论公制计量的大会由法国皇帝路易·波拿巴三世（Louis Napoleon Ⅲ）亲自主持，他是拿破仑的侄子。

国际大地测量协会是成立的第一个此类国际科学组织，后来这类组织的数量迅速增加。1867 年的大会对公制计量影响深远。测地学研究的是地球的准确形状。牛顿提出地球并非一个简单的球体，由于离心力作用南北两极有点扁平，是个"扁球体"，或者说是像足球上下两端受到挤压的形状。后来，这一领域变得越来越重要。18 世纪早期，人们用秒摆进行测量时，已经清楚地证明了这一点；衍生而来的问题是，地球的形状是否还存在其他变化。度量衡因国家不同而纷繁多样，使这一问题的答案变得错综复杂。如今世界各国对测地学的兴趣促使人们努力让公制计量成为大一统的度量衡。

当年美国仍处于领土扩张阶段，在海岸测量领域，测地学变得越来越重要。1843 年，第一任海岸测量项目组负责人费迪南德·哈斯勒过世，他的职务由亚历山大·贝奇（Alexander Bache）接任，项目组在美国长岛南岸设定了基准线，向西北方向延伸到罗得岛州，向西南方向延伸到切萨皮克湾，形成三角区域，覆盖的领土面积约为 2.3 万平方千米。随着美国在得克萨斯州和更偏远的西部得到更多土地，在贝奇领导下，项目组扩大了测量面积。项目组如今成了美国政府卓越的科学机构，雇用了许多科学家，以国家利益为名从事研究。1867 年，贝奇过世，他的职务由哈佛大学数学家本杰明·皮尔士（Benjamin Peirce，1809—1880）接任。19 世纪 60 年代，在皮尔士领导下，项目组的政治地位持续攀升，因为项目组的任务与下述事项联系了起来：1867 年美国从俄罗斯手里购买了阿拉斯加州，从丹麦手里购买格陵兰岛和冰岛已经在拟议中；而且，项目组的关注重点很快从测量学改成了测地学。

19 世纪中叶，测地学实践带来了两点启示：一、需要为一起合作的科学家建立国际合作体系，因为测地学唯有成为全球项目才有意义；二、对重力变化进行精密测量，即所谓的重力测量，需求强烈。

国际大地测量协会最初两届会议分别于 1864 年和 1867 年在柏林召开。第二届会议的与会者强烈敦促协会采用新精度制作公尺标准具，而且他们比其他领域的同行走得更远：他们敦促协会制作新的"标准米"，以取代存档的米原器。制作出第一批米标准和千克标准之后的这些年，高端技术（可以制造出比铂金更坚硬的合金）使得设立更可靠的标准成为可能。本届大会的与会者最终提出一项影响深远的建议：由科学家们组成一个国际委员会，授权其监督新标准的制作和后期养护。这显然考虑的是该体系自身的国际属性，不过它必定会让公制计量脱离法国的掌控。

一开始，法国科学家对此表示反对。不过，1869 年 9 月 2 日，拿破仑皇帝任命了一个国际委员会，拟于 1870 年 8 月在巴黎召开会议，研究公制计量。决定参会的受邀国家达到了二十五个，其中包括美国、英国和俄罗斯。[1]当时又增加了八个接受公制计量的国家，它们是巴西、墨西哥、意大利、乌拉圭、智利、厄瓜多尔、秘鲁和波多黎各。看来公制计量已经到了得到全世界全面认可的时刻。

1870 年，对即将召开的巴黎会议，首屈一指的世界性英文科学刊物《自然》杂志评论道："关于标准的战争结束了，可以这样说，公制计量取得了胜利。"虽然人们仍在使用英制计量，但它注定会被废掉。不过，由于公制计量与广泛存在的自然标准绑定，它至今仍未得到普及；《自然》杂志用嘲笑的口吻说："1/4 地球子午线的千万分之一"竟然能用某种方法精确测量出近似值！当然了，公制计量最终成功了，因为它"早已成为世界性计量单位，得到了广泛认可，为许多国家普遍采用；其他计量单位作为抽象的哲学继续存在之际，公制计量成了某个体系的基本计量单位，它完美至极，层级均匀，符合科学，简单实用"[2]。《自然》杂志接着评论说，肃清英国计量制需要的只剩下选择合适的动手时机了，但等候的时间却比它预计的长得多。

国际米制委员会

公制计量倡导者们对拖沓早已见怪不怪，他们却再一次体会到了拖沓。原计划于 1870 年 8 月 8 日召开历史性的国际米制委员会会议，可是三周前法国和普鲁士之间爆发了战争。8 月 4 日，普鲁士和德国数个州组成的联军越过边界，推进到法国阿尔萨斯

---

[1]　这个故事中的很多关键因素可参看 Bigourdan, *Le Système Métrique des Poids et Mesures*。
[2]　"The Unit of Length," n.a. *Nature*, June 23, 1870, p. 137.

（Alsace）地区，迅速击败了法国军队，继续向巴黎推进。委员会赶紧休会，计划等到有可能开会时再聚首。

在长达一年的战争中，巴黎遭遇了四个月的围城。此时，为制作新标准具，法国科学家研究过多种材料。他们决定不用现有的金属，因为它们要么会锈蚀，要么密度差异过大；像石英那样的石材，又硬又不易锈蚀，可是太脆了；玻璃表面总会凝结水，而且会随着温度变化膨胀和缩小；此前用于制作标准具的铂金又软又不牢靠。与会的法国人决定采用一种新的铂铱合金制作米标准具和千克标准具，其中铂占比90%，铱占比10%。新的米标准具采用一种特殊断面，即某种X形状，在正中心稍低处有个横杠。新米杆依旧是"线性"的，却是个没有"端"的条形标准具，它比1米稍长，两端距端口1厘米处各有一个刻度。科学家们将每个标准杆的两个支撑点称作"艾里支撑点"（Airy point），经过全神贯注的计算，英国科学家得知，在这两个点支撑，标准具的弯曲度和下垂度最低。

战争结束后，法国再次稳定下来，当出行变得安全时，人们将国际米制委员会会议的召开时间定在了1872年。这一次，三十个国家派代表出席了会议。朱利斯·希尔加德（Julius Hilgard，1825—1891）是美国代表团成员。他出生在德国，一家人于1836年移居美国，后来他在费城攻读工程学，并于1844年加入海岸测量项目组，他在组里一待就是四十年。希尔加德本以为，1867年贝奇死后他可以继任成为负责人，事与愿违后，他继续忠诚地履行着副手的职责，担任度量衡部门经理、出国参会代表等。

参加1872年大会的代表团成员们建议成立一个真正的国际组织（该组织最早的名称是"国际米制协会"），即"国际计量局"经费由各会员国分摊。该组织的职责包括：制作和保存新的标准具，校准其他国家的标准具，开发相关仪器。国际计量局的上级单位是

"国际度量衡委员会"，该委员会由所有签字国代表构成，委员会成员每六年举行一届"国际计量大会"。这届大会形成了一个协议草案，各参会国代表携草案回国，以获得 1875 年参会时的签字授权。如果拟议中的组织能够在度量衡领域成功地建立世界范围的"真正的和行得通的统一"，《自然》杂志欢呼说，那将成为"当代文明最伟大的胜利之一"①。

1875 年 5 月 20 日（如今人们将这一天称作"世界计量日"），包括美国在内，十七个国家签署了"米制公约"。从历史角度看，此举在计量、国际合作、全球化等方面堪称里程碑事件。协议各条款没有提及关于自然标准的想法——原本就必须采用人工制品。眼下所有科学家们都认为，那一梦想远不如达成世界性的统一标准来得重要。《自然》杂志评论道："人们理应明白，目前大家关注的焦点完全不在于米的长短究竟差了几微米。最重要的是，全世界共用一个米，分发给各国的所有复制品应当与标准具完全相同。"②

没有在协议上签字的三个国家是：英国、荷兰和希腊。其实这三个国家都愿意支持设立新的米标准，并对其进行养护；不过，它们对建立更大的机构和怀揣更高远的目标保持警惕。国际计量大会被赋予传播公制计量的责任，这相当于暗地里干涉英制计量，英国对此表示愤怒。

与此同时，法国在巴黎郊外的圣克鲁国家公园为这一新成立的国际机构划拨了一小块土地。这一公园的造园师安德烈·勒诺特尔（André Le Nôtre）正是打造凡尔赛的那些大花园的人。不过，数年

---

① "The International Metric Commission," n.a. *Nature*, January 16, 1873, p. 197.
② "The International Bureau of Weights and Measures," n.a. *Nature*, October 18, 1883, p. 595; the original article was from *La Nature*.

前的普法战争使公园的一些建筑遭到严重破坏。虽然公园已经荒废，布勒特伊宫却免费供国际计量局使用，这处宫殿曾经是法国国王的仆人们居住的地方。这座建筑于 1875 年 10 月 4 日被移交给国际计量局，经过几年修复，科学家们才得以进驻。1878 年，国际计量局成了全世界第一家国际实验室。

19 世纪 70 年代，奥地利、列支敦士登、德国、葡萄牙、挪威、捷克斯洛伐克、瑞典、瑞士、匈牙利、南斯拉夫、毛里求斯、塞舌尔等十几个国家接受了公制计量。最终，英国也放弃了对抗，于 1884 年在协议上签了字。《自然》杂志的编辑们激动不已，他们相信，这预示着世人对公制计量的认可即将来临，而且是得到全世界的认可。他们重印了法国同行在法文版《自然》杂志上刊发的一篇文章，大意如下：

> 向全世界推广称重和丈量体系的统一制式，在各国人民之间建立了新的联系，也促进了国际关系，这些终将证明是促进人类文明的强有力因素。……尤为重要的是，国际计量局所做的一切是为了科学利益。科学越来越不满足于接近近似值，科学会穷尽一切可能追求严格的精准。科学的目标唯有精准。①

与此同时，国际计量局在制作新标准具方面遇到了一些困难，需要的合金一直达不到要求，合金里总是含有少量杂质。让法国人尴尬的是，国际计量局指定一家名为"庄信万丰"（Johnson Matthey & Company）的伦敦公司制作合金。为剔除其中的杂质，

---

① "The International Bureau of Weights and Measures," n.a. *Nature*, October 18, 1883, p. 595; the original article was from *La Nature*.

这家公司反复铸造合金，于1884年完成了任务。1886—1887年，一家法国公司将一些合金材料切割成米标准具的长度，另外还制作了一些千克标准具的圆柱体。国际计量局的科学家们从中挑选出标准具——"国际米原器"（International Prototype Meter）和"国际千克原器"（International Prototype Kilogram）——另外还挑选出一批见证人，以见证国际计量局来使用标准具。各签字国均收到一套标准具。

1889年，国际计量局的上级单位国际计量大会召开第一届会议。这届大会接受了上述两个标准具，将它们作为正式的国际标准，还批准了数年前确定的事项——承认现实，米的定义不再延续地球子午线穿过巴黎段的千万分之一，而是采用本届大会的长度标准。制作好的标准具如何分配，采用的是所有成员国参与的抽签方式，美国得到的是编号为21和17的米标准，以及编号为20和4的千克标准。

本杰明·阿普索普·古尔德（Benjamin A. Gould）是美国派驻国际度量衡委员会的代表。1887年，他接替了朱利斯·希尔加德，正是他封装了上述标准具，将它们交给了美国驻巴黎大使。大使将它们转交给了美国海岸测量项目组的代表，后者将它们带到了华盛顿。一路上，那位代表从未让这些标准具离开自己的视线，他还对整个行程和所经站点做了详细记录。乘坐大巴车和火车时，他总是将它们置于软座椅上。1889年11月15日，他登上了"日耳曼号"蒸汽船，还为它们预订了特等舱。

1890年1月2日，人们将装有标准具的板条箱送进了白宫，在美国海岸和大地测量局（Coast and Geodetic Survey，此前的名称为美国海岸测量项目组。——译者注）总负责人托马斯·考文·门登霍尔（Thomas C. Mendenhall）以及其他几位高官见证下，本杰明·哈里森总统揭掉火漆封，打开了板条箱。随后，人们将这些标准具安置在海岸测量局办公楼一个防火的房间内。

　　长期以来，美国度量衡管理局一直在奋力维护自己的计量标准，使其与英国的计量标准既有区别又可对等。门登霍尔找到机会，于1893年4月5日签发了一纸命令，让这种挂钩丧失了必要性。他在命令中阐释说，宪法赋予国会"确定称重和丈量标准"的权力，然而那一机构从未切实履行这一权力。由于"人们惯用的称重和丈量单位缺少实物标准"，"经财政部长批准，度量衡管理局拟用国际米原器和国际千克原器作为基础标准，而人们惯用的计量单位——'码'和'磅'——自即日起仅适用于1866年7月28日批准的法案"。数年来，实际操作中早就如此了，门登霍尔此举不过是想让这种做法得到官方认可，"并以此通告所有对计量科学和度量衡精度有兴趣的人士"[1]。美国官方的"码"今后将定义为"米"，1码 = 3600/3937米；美国官方的"磅"与千克有个固定的换算方法，1磅 = 1/2.2046千克。门登霍尔签发的命令等于承认了这一事实：无论美国使用英制计量单位会延续多长时间，法国在标准大战中已经获胜。

　　许多科学家认为，门登霍尔签发命令一事，预示着美国即将接受公制计量，而且接受得越早越好。《自然》杂志评论说：

> 1亿人花费十年时间做出改变，并不比7000万人眼下就做出改变更容易。这其实是个简单问题，即这一代人是乐意承担麻烦和不便来造福后代，还是只顾自己省心省事，将适应新体系和放弃如今"费脑子的体系"的负担加倍留给孩子们。[2]

---

① 可参看 Louis E. Barbrow and Lewis V. Judson, "Weights and Measures Standards of the United States: A Brief History," Appendix 3, pp. 28–29, U.S. Commerce Department, NIST Special Publication 447。

② "The Metric System in the United States," n. a. *Nature* May 14, 1896, p. 44。

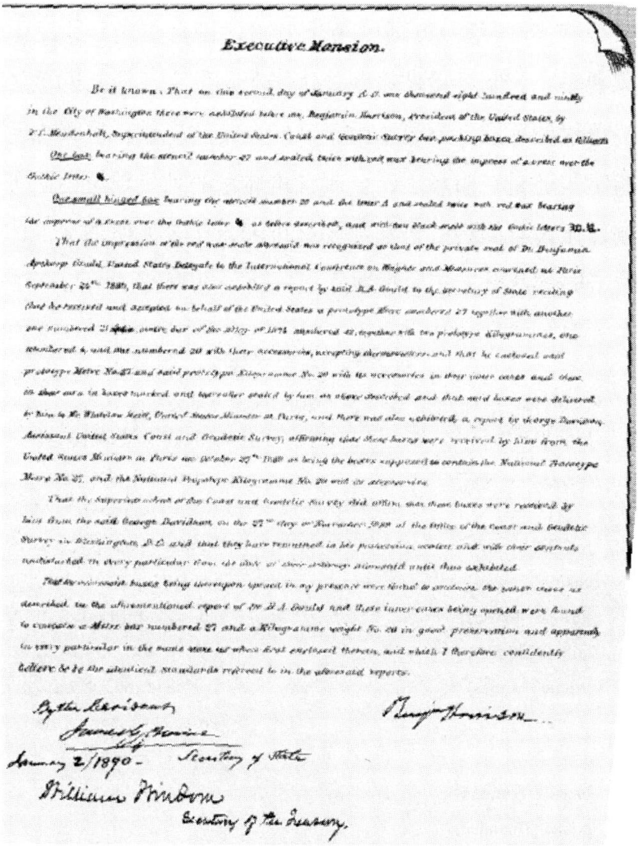

图10 1890年1月2日的美国政府公告，内容为美国第二十三任总统本杰明·哈里森正式接收国际计量局的一套计量标准

19世纪下半叶，公制计量体系在获得普遍认可方面已经取得了长足进步。19世纪中叶，唯有英国本土、英国殖民地和前殖民地仍在使用英制计量体系，法国及其深受法国影响的一小批国家则在使用公制计量体系。19世纪下半叶，情况变了，公制计量越来越成为可选的计量体系。早在1897年，英国已经让公制计量合法化，这比国际计量局的成立要早。公制计量体系明显优于英制体系，虽然两个体系均有方便的、可信的标准。不过，由于其体系特性完整、层级绵密，无论是在实验室里还是在市场上，公制计量体系的计量单位用起来都更方便。英制体系没有简约的倍数和等分排列，让人无所适从，体系里的计量单位有时候甚至无法用整数互相关联，见下表：

部分英制计量单位

长度		容积/容量	
	inch		ounce
	hand (4 inches)		gill (5 fluid ounces)
	foot (12 inches)		pint (16 fluid ounces)
	yard (3 feet)		quart (2 pints)
	rod (16.5 feet)		gallon (4 quarts)
	chain (22 yards)		peck (2 gallons)
	furlong (40 rods)		bushel (4 pecks)
	mile (5280 feet)		
	league (3 miles)	面积	perch (1 rod x 1 rod)
			rood (1 furlong x 1 rod)
质量/重量	dram		acre (1 furlong x 1 chain)
	ounce (16 drams)		
	pound (16 ounces)		
	stone (14 ounces)		
	quarter (2 stones)		
	hundredweight (112 pounds)		
	ton (2240 pounds)		

反观公制计量体系，它有简约的、可扩展的倍数关系和等分关系，凭借通用的十进制和加前缀的方法即可解决对应的数列问题，

人们可以往上或往下任意排列数列，就像在钢琴键上拨弄滑音一样。见下表：

公制计量单位及其前缀（19世纪）			
	PREFIXES		
	mega (M)	1000000	10^6
	kilo (k)	1000	10^3
	hecto (h)	100	10^2
	deca (da)	10	10^1
UNITS { meter (m, length) gram (kg, mass/weight) }		1	
	deci (d)	0.1	10^{-1}
	centi (c)	0.01	10^{-2}
	milli (m)	0.001	10^{-3}
	micro (μ)	0.000001	10^{-6}

　　不过，就进一步扩大公制计量体系而言，主要障碍来自两方面：一方面是习惯，另一方面是代价，用新体系替代老体系构建工业基础设施，需要付出代价。全世界不同地区的本土计量制，不同国家使用的不同方法，引领这些国家克服这些障碍，用公制计量取而代之，这些足以塞满一本厚重的书。说来也怪，从长远看，大英帝国的掠夺、蹂躏、剥削，反而强烈地助推了公制计量事业。19世纪，大英帝国在亚洲、非洲以及其他地方对待各种文化的卑劣手段，极大地撼动了各地的本土文化，弄乱了当地的习惯和基础设施，铲除了各地的本土计量制，反而为20世纪造就了围绕公制计量进行国际合作的可能性。所以，我们必须掉转头，回顾本书此前章节介绍的两种非常迥异的计量制，即存在于古代中国和西非的两种计量制：前一种因为相对封闭，存在的时间可以用世纪计算；后一种则能够与外来计量制和平相处。这两种计量制命运相似，19世纪它们与大英帝国殖民主义的碰撞将它们弱化到了轻易即可被取代的地步。

中国的经历：两次鸦片战争

时间移至 19 世纪，英国商人已经建立了数条通向中国的商业通道。当时，英国正在寻找借口，破除清政府施加在外国商人身上的、具有严格约束力的通商条例。清政府仅允许英国船只在广州（当时名为 Canton）靠岸，英国商人们必须遵守中国法律，且不能在广州城内长住。同一时期，英国商人已经开拓出蒸蒸日上的鸦片贸易，即在印度种植鸦片，然后出口到中国。这一贸易使上千万中国居民上了瘾，中国政府吓坏了，试图限制它。1839年，钦差大臣林则徐试图全面禁止鸦片贸易，接二连三发生了一系列事件，最终发生了鸦片战争。其一是，中国人查获并销毁了20000 箱属于英国人的鸦片；其二是，英国拒绝交出杀死中国人的数名水手。澳门比邻香港，林则徐下令驱逐那里的所有英国人。虽然澳门当时已经成为葡萄牙的贸易港，中国仍然保留着对那一地区的行政权。作为报复，英国在数个港口城市轻轻松松地打败了中国军队，其中包括广州市，而且英国军队已经攻入中国内陆，正在向南京推进。停火协议以及随后签署的协议允许英国人在五个港口居住和经商，中国政府被迫支付天价战争"赔款"（大约为今天的 5 亿美金），英国还迫使清政府设立由外国政府控制的数个海关。接踵而至的两场战争让更多中国城市向英国商人开放，也向其他国家开放，包括法国、俄国、德国、美国。外国人争先恐后抢占中国要地的过程中，澳门成了自由港。中国的主要海关和市场已经落入外国人之手，一系列协议将外国计量单位强加给与外国做生意的中国商人，削弱了中国皇帝管控称重和丈量的权威。各个国家用各自不同的度量衡体系规定了与中国计量制的转换率，中国人憎恨这些转换率，将其称为"关尺""关平"。外国计量制并未渗透到中国农村地区，不过它们的确加重了中国本土计量的无序。对中国不同地区不同计量单位之间的逻辑，一位研究"库拉交易制度"的中国学者深谙其中的道理，不妨听听她怎么说。两次鸦片战争后，那一逻辑已经不复存在。丘光明和她的小组成员们合著过一本书，里面谈道：

> 清政府既没有能力阻止这些外国计量制的流入以及国人在日常生活中使用它们，也没有力量将中国各地在称重和丈量领域各行其是的做法统一起来。最糟糕的是，在海关工作的一些外国人找到了借口，中国各地的称重和丈量五花八门，过于复杂和混乱，完全看不到标准，因而他们有权自主订立规矩，包括自主订立换算率。[①]

外国的占领让中国弱化成一个半封建半殖民地社会，也让中国的称重和丈量变得五花八门，成了中国内政的一大麻烦。外国海关官员们在中国推广各自的度量衡标准，还强迫中国人使用它们。

西非的经历：阿善提的数次战争

19 世纪，英国开始在西非阿坎地区发挥强大的影响力，还把这一地区命名为黄金海岸。英国于 17 世纪在这一地区建立了一些贸易点，如今全都由"外商非洲公司"经营。最初主要的财富来源是奴隶，然而，1807 年英国彻底废除了各殖民地的奴隶贸易，随后人们将注意力转向了黄金。当地人用"野蛮的方式"采掘"宝贵

---

① 丘光明：《中国古代计量史图鉴》，合肥工业大学出版社，2005 年。

的沙子",将有限的数量开采殆尽,一篇19世纪的评论文章称:"欧洲的活力和技术有可能让这一地区重新成为真正的黄金海岸。"①

数个阿坎部落组成的"阿善提联邦"控制着当地潜力最大的黄金开采区,其神庙位于库马西(Kumasi)。由于在阿善提地区拥有数个军事要塞,有段时期大英帝国一直都很满意,当地的荷兰殖民者同伴亦如此,除了向数个阿善提部落定期缴纳要塞使用费,他们尽可能远离阿善提人。1821年,情况发生了变化,英国政府从"非洲公司"手里接过各定居点和军事要塞的管理权,还攫取了更多土地,以海岸角城堡为核心,继续扩张英国黄金海岸殖民地的地盘。英国还停止向阿善提缴纳年金,这么做使英国与各部落产生了摩擦。1871年,英国人夺取了荷兰人的埃尔米纳城(Elmina)要塞,还拒绝缴纳使用该要塞的年金。为了对付英国人,阿善提人开始组织起来,英国人委派一位德高望重的军官加尼特·沃尔斯利(Garnet Wolseley)爵士前往海岸角城堡。

1873年10月,在埃尔米纳城附近,加尼特·沃尔斯利率军于战争伊始就打败了阿善提人,此即后来世人熟知的1873—1874年的阿善提战争。次年1月,沃尔斯利率军出发,深入内陆,向库马西推进,于1874年2月4日拿下该城。这次出征有好几位战地记者随行,包括一位名叫弗雷德里克·博伊尔(Frederick Boyle)的人,他是《每日电讯》的记者。他观察得很细致,他在报道中称,居民们闻风而逃,队伍穿过那些空寂的城镇,沿途可见"各种各样称金沙的秤和砝码";他将其称为"野蛮人生活中毫无价值的宝贝"。②英国人拿下库马西后立即在城里大肆掠夺,不仅带走了黄金

---

① "Gold Coast," *Encyclopaedia Britannica*, vol. 10 (New York: Werner, 1899), p. 756.

② Frederick Boyle, *Through Fanteeland to Coomassie: A Diary of the Ashantee Expedition* (London: Chapman and Hall, 1874), p. 93.

饰品和成袋的金沙，还带走了铜质砝码，炸掉了库马西城的宫殿，纵火焚毁了整座城市，然后带着战利品返回海岸角城堡，月底便把战利品拍卖了。博伊尔仔细记述了当时的拍卖，拍品甚至包括那些铜质砝码："那些铸件形态各异，有鱼形、龙形、门形、剑形、枪炮形、昆虫形、动物形，不一而足。最常见的是人形，有男人也有女人，姿态千奇百怪，各行各业的人都有。每一打最高叫价 4 英镑 15 先令，最低叫价 3 英镑 10 先令。"[①]

欧洲盛行在称重和丈量方面做手脚，整理战利品时，英国人发现，这种事在非洲同样盛行。沃尔斯利的军队将库马西国王的城市变成了废墟，他的军事副官亨利·布拉肯伯里（Henry Brackenbury）竟然靦着脸谴责后者说：

> 我们的估价师将金沙仔细地筛了又筛，除去了里边的杂质，因为掺假在阿善提似乎很流行，尤其是往金沙里掺假。的确，我们从皇宫带回的战利品有好几袋上等黄铜沙，我们把它们当成金沙带了回来，后来我们才知道，它们是国王付款时往真金沙里掺假用的假货。[②]

抵抗英国入侵，阿善提人反而犯下了战争罪，受尽凌辱的阿善提国王被迫与英格兰女王签署了一份"和平协议"，同意按照协议支付巨额"检验合格的黄金"作为赔款交给英国，另外还要同意英国人和当地商人之间自由贸易。金沙不能作为合法货币，对此汤姆·菲利普在介绍阿坎砝码的作品里评论道："1874 年，英国军队

① Frederick Boyle, *Fanteeland to Coomassie*, p. 389.

② Henry Brackenbury, *The Ashanti War: A Narrative* (London: Blackwood, 1874), vol. 2, p. 267.

洗劫了库马西，敲响了砝码以及砝码制造的丧钟，这也成了阿坎人用金沙当货币替代物并走上不归路的开端。"①

库马西城的覆灭打断了好几个阿善提部落的脊梁骨，其后人几乎没做什么重建工作。一位英国旅游者1888年到达那里，看到自己国家的军队在那座传奇城市造成的破坏达到如此惨烈的程度，他表示很震惊。所有东西都毁了，"整座城市犹如森林里开辟出来的一块空地"，当地居民完全没有重建城市的意愿。他描述道：

> 四面八方尽是废墟和败象，从中仍可看出些许逝去的繁华，以及一些文化残留。沿海地区所见的一切远不能和这里相比。看着身边凋敝的城市，破败的建筑，垂头丧气的居民，我不禁想到，事实让人感到多么奇怪和悲哀，造成这些废墟的国家竟然是每年花费上千万促使异教徒改变信仰、到处播撒文明的国家。②

距离第一次征服阿善提神庙二十年后，英国人再次光顾并征服了此地，理由是阿善提人没有缴纳赔款。英国人推进到库马西城所在地，将国王流放了。黄金砝码从此被禁止使用，英国人将英制计量体系强加给了这一地区。人类发明的另一种最为奇特的本土计量制寿终正寝了。

---

① Tom Phillips, *Goldweights*, p. 48.

② Richard Freeman, *Travels and Life in Ashanti and Jaman* (New York: Stokes, 1898), p. 111.

第七章

爱也计量制，恨也计量制

国际米制委员会 1872 年举行会议过后，好几位美国著名科学家开始倡导美国向公制计量体系转变。美国哥伦比亚学院院长弗雷德里克·巴纳德（Frederick Barnard，1809—1889）是这一运动的一位领袖。1873 年 12 月 30 日，他在哥伦比亚学院组织了一次会议，成立了美国计量学会，人们推选他为会长。他还成立了一家教育机构，即波士顿美国公制计量局。为了向美国民众推广公制计量体系，该局印刷了许多传单和明信片：

一句话说清公制计量体系：

所有长度用米，所有容量用升，所有重量用克，全部采用十进制；等分时，分为 1/10，厘为 1/100，毫为 1/1000；倍数时，十为十，百为百，千为千，万为万。

公制计量倡导者们还引用了其他容易理解的说法，比方说：1 枚 5 分硬币直径为 2 厘米，重量为 5 克，将 5 枚硬币摆成一排为 10 厘米，2 枚硬币为 10 克；计算容量可借助长度单位实现，"因而，只要拥有 1 枚 5 分硬币，每个人都可随身携带整个公制度量衡体系走遍天下"[1]。

接下来数十年，美国公制计量支持者的主攻方向不是立法，而是公众教育。他们认为，这是采取立法行动的必要铺垫。实际的推进过程难免迟缓，渐渐增加的阻力来自美国工程师以及众多美国制造商。他们意识到，无论改用公制计量多么高尚，这么做会增加他们的经济成本。[2]

1876 年，波士顿土木工程师学会请求位于费城的美国富兰克林研究院组成一个委员会，以便召开听证会。该委员会建议美国抵制公制计量。一些委员会成员指出：在现实生活中，人们总是按照 1/2、1/4、1/3 划分东西，或者诸如此类的方式划分，而非十进制；而且，美国历次土地调查用的都是英亩、英尺、英寸。数十年来，美国制造业不仅开发而且拥有了"一套种类繁多和代价不菲的工具，以便进行精密测量"，这也会导致转换体系带来的代价极为高昂。"如果采用新的称重和丈量体系，农村地区使用的所有秤杆都必须重新改过和重新调整，上万吨黄铜砝码，数量庞大的加仑、夸脱、品特容器，蒲式耳、半蒲式耳、配克量具，以及全国各地各式各样的测量尺和测量杆，所有这些都必须丢弃，另外还有普通人无法明白的一些计量用具，全都要替换。"出席会议的一位工程师评论道：毫无疑问，这样的调整对"足不出户，仅仅用度量衡做计算的学者"好像很容易，"但对实际使用称重和丈量的人们来说，对全国的物质财富创造者和经理人来说，为此种变化必须付出的代

---

① "The Metric System," *Scientific American* 42, no. 6 (February 7, 1880), p. 90.

② 美国支持和抵制公制计量的故事可参看美国商务部美国计量研究中心的中期报告，in U.S. Department of Commerce, U.S. Metric Study Interim Report, *A History of the Metric System Controversy in the United States* (Washington, DC: National Bureau of Standards, 1971), Special Publication 345-410。

价，可能会远远超出这一变化仅仅停留在理论上的好处"。[①]

1877 年，国会号召人们对美国改制为公制计量体系的议案发表评论。人们的反应远不像拥趸们预期的那么热烈，好几位财政部官员提出了反对意见，包括接替大地测量局负责人本杰明·皮尔士的卡莱尔·帕特森（Carlile Patterson）；更让人吃惊的是，帕特森提交的持反对意见的报告，执笔人恰恰是美国驻国际米制委员会代表朱利斯·希尔加德；而一家赞成公制计量的刊物将其描述为一份"在明晰性、简约性、卓越的判断力各方面都做到了出类拔萃"的报告。采用公制计量对大地测量局、财政部、普通公众会有什么影响，这份报告做出了迄今为止最认真和最公正的评价。[②]1880 年，在美国机械工程师学会第一届年会上，反对公制计量成了大会的主要议题。

与此同时，一个反对公制计量的极端运动在俄亥俄州诞生，且展现出美国反改革运动的传统特点，例如：仇外、用词极端、捏造事实、篡改历史、搞阴谋论，号召人们保护自然的、民族的纯洁。"敌人"来自国外，例如：颠覆分子、社会主义者、外国人、无神论者、阴谋论者。好人则包括：爱国者、资本家、基督徒以及忠于上帝、国家和自然的人们。在那个年代，美国的反改革者们多为有色人种和行为怪异的人群，他们乔装成平民主义者，且自称事业源自神谕，还莫名获得了不少支持。

度量衡学的丰碑：吉萨大金字塔

19 世纪 80 年代，对美国的反公制计量运动而言，埃及大金字

---

① "Shall We Change our Weights and Measures?" *Scientific American* 35, no. 8 (August 19, 1876), p. 113.

② U.S. Department of Commerce, *A History of the Metric System Controversy*, p. 77.

塔莫名成为佐证。在人们严肃讨论的计量标准中，这是最匪夷所思的实物例证。金字塔坐落在一片沙漠的中部，距尼罗河畔的吉萨城（Giza）数千米之遥。在古代世界七大奇观里，它年代最久远，而且保存完好。数千年来，它一直像磁石一样吸引着参观者。据传，公元前4世纪，征服埃及后，亚历山大大帝曾经孤身一人站立在国王的墓室内。拿破仑攻打埃及的战役始于1798年，战事正酣时，拿破仑也参观了大金字塔，他独自一人进入国王的墓室，下令所有士兵在外等候。追随拿破仑攻打埃及的学者们回国后发表了大量文章，激发了人们对埃及所有东西的想象力，尤其是对大金字塔的想象力。

实际上，金字塔的坚固和永续正是人类追求的"标准"应当具备的两种特质。当年还是业余科学家的英国人约翰·赫歇尔是重建英制标准委员会的成员，他在文章里称："就人类工程而言，最持久、最蔚为壮观的……是那些纪念碑式的建筑，这点毫无疑问；人们让它们矗立在那里，其目的似乎正是要藐视各种最基本的变化之力。"[①]

早期的金字塔计量学家包括理查德·维斯（Richard Vyse），他是英国议会议员，还是个军官，曾去过埃及。他的追随者约翰·泰勒（John Taylor）是伦敦某出版公司的合伙人，他从未去过埃及。二人坚信，大金字塔塔身里隐藏着不为人知的秘闻，包括远古时期的长度计量单位。1859年，泰勒出版了一本小册子，题为《大金字塔：为什么修建？谁修建的？》（*The Great Pyramid: Why Was It Built? And Who Built It?*），随后又于1864年出版了《标准之战：四千年前的古代标准和过去五十年间的现代标准，以及双方的美

---

① 引自 S. Schaffer, "Metrology, Metrication, and Values," in *Victorian Science in Context*, ed. B. Lightman (Chicago: University of Chicago Press, 1997), p. 450。

中不足》(*The Battle of the Standards: The Ancient, of Four Thousand Years, Against the Modern, of the Last Fifty Years, the Less Perfect of the Two*)。[1]泰勒认为，金字塔和数学的关系过于复杂，但远古时期的埃及人根本无法掌握数学。最明显的例证为，金字塔底座两条边与塔身高度的比例不偏不倚正好是 π，而这个无理数在金字塔建成数世纪后才为人所知。(一些历史学家推测，既然埃及人有可能通过滚动圆鼓和计算拐弯次数测出水平距离，即便当时人们对 π 缺乏特定的数学认知，仍有可能通过某种关联将其用于工程建设。)泰勒错误地以为，在金字塔施工过程中，以色列人充当了苦役。(其实在以色列人抵达埃及很久以前，金字塔已经建成。)泰勒坚称，金字塔的建筑设计是某个以色列人的作品(挪亚在其中扮演了主要角色)，而这位以色列人直接听命于"伟大的建筑师"(例如上帝)本人。泰勒还说，建造金字塔是为了向人类提供"丈量地球的度量衡"。除此以外，用于丈量金字塔石块的计量单位是"神圣腕尺"(大约 64 厘米)，上帝分布在世界各地的子民在远古时期还用它建造了神圣的工程项目——例如挪亚的方舟、亚伯拉罕的帐篷、所罗门的圣殿。[2]同时，国王的墓室里有个镶嵌板，它显然是个重量衡。泰勒声称，正如《以赛亚书》19 章 19 节所说，大金字塔正是"在埃及领土腹地上为上帝建造的圣坛"，它弥补了人类计量制和《圣经》计量制之间的缺失。"标准之争"依然如昨：到底是用古老的、神圣的、自然的计量制，还是用当代的、人造的、公制的计量制。

---

① John Taylor, *The Battle of the Standards: The Ancient, of Four Thousand Years, Against the Modern, of the Last Fifty Years, the Less Perfect of the Two* (London: Longman, Green, 1864).

② Martin Gardner, *Fads and Fallacies in the Name of Science* (New York: Dover, 1952)，里面有关于"金字塔研究"的精彩论述。

约翰·泰勒的小册子转而激发了来自各行各业的金字塔研究家的兴趣，包括一小批职业科学家，其中最著名的人物是苏格兰皇家天文学家查尔斯·皮亚齐·史密斯（Charles Piazzi Smyth）。他曾经参与对子午线弧的测量，并且在加那利群岛（Canary Islands）的特内里费岛（Tenerife）主持天文观测。1864年，读过泰勒的小册子《标准之战》后，史密斯戏剧性地从事业的巅峰急转直下。小册子让他认为，"除了作为坟墓，最早构想和设计大金字塔时，人们有可能真真切切地将它当成了合适的、原始的计量学纪念碑"[①]。不久后，皮亚齐·史密斯出书向泰勒致敬，书名为《大金字塔留给人类的遗产》（*Our Inheritance in the Great Pyramid*），本书对数字命理学学说起到了推波助澜的作用。史密斯宣称，金字塔的基本计量单位并非"腕尺"，而是其1/25，即"金字塔寸"，它刚好等于地球自转一周的五亿分之一。与"米"相比，这一计量单位才是真正的自然标准。金字塔计量的是"原始计量单位下的真正的宇宙关系"；另外，金字塔是"石质的《圣经》，是科学和宗教的纪念碑，因而这两者永不分离"。[②]盎格鲁-撒克逊人长年坚持这一度量衡，此举可谓明智，因为现行的英寸与"金字塔寸"相差微乎其微，可以忽略不计。皮亚齐·史密斯对公制计量，以及发明它和推广它的人们嗤之以鼻。"在巴黎和整个法国提升公制计量的同时"，他在文章中称，"他们还正式废除了基督教，烧掉了《圣经》，还宣称上帝原本不存在，不过是基督教牧师们凭空捏造的。另外，他们还创立了对

---

① 引自 H. A. Brück and M. T. Brück, *The Peripatetic Astronomer: The Life of Charles Piazzi Smyth* (Philadelphia: Adam Hilger, 1988), p. 99。

② C. Piazzi Smyth, *New Measures of the Great Pyramid* (London: Robert Banks, 1884), pp. 105–106.

人类的崇拜，或者说对他们自身的崇拜。"①

1864 年，皮亚齐·史密斯的书刚一出版就大卖。他终于动身前往埃及了，他要亲眼见证大金字塔。他在金字塔所在地发现了更多计量学奇迹，包括一年中的天数、地球的直径和密度。回国后，他向英国皇家学会展示了上述成果，会员们却反应冷淡，还向他指出其中的许多错误，例如：他那著名的比率：某一底边的二倍除以塔高根本不等于 π，反而是人们熟知的比例 22/7 更靠谱。埃及人或许真想过以此反映圆半径与周长的比率，不过，这并不能强化人们对无理数的认知，也不会对建筑学起到引领作用。这些错误以及其他错误让皮亚齐·史密斯的数字命理学像纸牌屋一样崩塌了。不过，他继续为自己辩护。随后的论战越来越激烈，皮亚齐·史密斯的信心水涨船高。他还开始做一些荒谬的比较：将自己比作开普勒，将自己的对手们比作一群嘲笑开普勒的无知者。1874 年，皮亚齐·史密斯与皇家学会领头人詹姆斯·克拉克·麦克斯韦（James Clerk Maxwell）大吵一架，一怒之下，他放弃了皇家学会会员的身份。

不过，几年后，皮亚齐·史密斯在美国找到了一些知音，他们是俄亥俄州反公制计量运动"保留和完善盎格鲁 - 撒克逊度量衡国际协会"的成员，他与他们建立了书信往来。后来，他又多了些同情者。首先必须提及的是查尔斯·拉蒂默（Charles Latimer，1827—1888），他是英国大西洋和大西部铁路公司的首席工程师，他对神秘学也有兴趣。19 世纪 70 年代末期，拉蒂默发现了皮亚齐·史密斯的一些作品，其中披露的看法的确匪夷所思——例如上帝得知了

---

① Charles Piazzi Smyth, *Our Inheritance in the Great Pyramid* (London: Daldy, Ishister, 1877), p. 215.

他的基本计量单位，经某希伯来建筑师应用到埃及金字塔上，以便英国人民可以借此将其应用到英制计量体系中——拉蒂默因为这些看法激动不已。19 世纪 70 年代末期，皮亚齐·史密斯关于金字塔的数字命理学学说受到严重质疑。不过，他关于金字塔的著作却继续热卖，而且还启发了一批像拉蒂默一样的神秘主义者和数字命理学信徒。埃及大金字塔还成了前述美国俄亥俄州反公制计量协会的会标，该协会会员们认为，金字塔犹如美国大国玺上的标志，1 美元纸币的背面就有这一标志。

1879 年，查尔斯·拉蒂默出版了一本小册子，书名为《法国的公制计量，也即标准之战》(*The French Metric System; or the Battle of the Standards*)①，那本书封面上印有美国大国玺。拉蒂默宣称，《自然》杂志宣布标准之战已经结束，实则没有，而是刚刚开始，不能就这样放弃！一个世界范围的无神论阴谋正在跟我们对着干——而我们的抵抗标志正是金字塔。拉蒂默在书里还表示，金字塔提供了"真正的方案，能解决扰动全世界的度量衡问题"。人们在其中认识到，英寸——每 1 腕尺内含 25 英寸——是自然的，与地球相互呼应，而且来自天意。与此形成对照的是，公制计量是违背自然的，与地球的规格不匹配，是无神论者们发明的。至于越来越多国家接受公制计量这一事实，拉蒂默引用一篇报道辩解说："即使其他国家愿意沿着无神论者设计的道路狼狈不堪地走向毁灭，还有清教徒移民先驱们的意志存在，但愿这样的意志永存，才得以让美国最后一个走向如此负面、如此自我毁灭的道路。"②

1879 年 11 月 8 日，正午时分，查尔斯·拉蒂默和两位美国同

---

① C. Latimer, *The French Metric System; or the Battle of the Standards* (Cleveland: Savage, 1879).

② Ibid., p. 23.

胞一起在波士顿老南教堂成立了一个组织，全称为"保留和完善盎格鲁-撒克逊度量衡国际协会，暨反对向英语世界各族人民输入法国公制计量体系"①。选择波士顿和老南教堂，重点考虑的是彰显他们的爱国热情，确保国际交往的便利性。实际上，拉蒂默长住俄亥俄州克利夫兰市，这里是这一组织的主要分支机构所在地。这一组织每隔一周在克利夫兰开一次会，每年 11 月召开一次年会。

上述运动的文字刊物是《国际标准》（*International Standard*）杂志。该杂志第一期于 1883 年 3 月出版发行，当期封面上有这样的文字："本刊致力于保留和完善盎格鲁-撒克逊度量衡体系，致力于讨论和宣扬埃及吉萨大金字塔蕴含的智慧。"拉蒂默在第一期杂志的《序言》里称，一个全球性阴谋正试图将公制计量体系强加给盎格鲁-撒克逊人，必须组织起来进行反击，因为该体系是个"天生不信神和无神论的"恶魔。给《国际标准》杂志投稿的人们通过大量事实证明，科学家们试图将米和自然标准绑定这一点做错了，因为金字塔的各种标准是神圣的。他们谴责美国政府的暴行，强迫美国人民接受某种不需要的东西。后续几期杂志刊发的文章包括：对大金字塔进行的数字命理学研究，强烈谴责公制计量，持支持观点的读者来信，对立面的反驳文章——实为揭露性文章、诗歌，甚至还有反公制计量的歌曲。

查尔斯·托顿（Charles Totten，1851—1908）是个炮兵中尉，他经常在杂志上发表文章，还把他出的书《基于最近和过去诸多发现之计量学的重要问题》（*An Important Question in Metrology, Based Upon Recent and Original Discoveries*）分发给学会的盎格鲁-撒克

---

① 引自 Edward Franklin Cox, "The International Institute: First Organized Opposition to the Metric System," *Ohio Historical Quarterly* 68, no. 1 (January 1959), pp. 58–83。

图 11　第一期《国际标准》杂志封面

逊人的后裔[①]。他说，我们盎格鲁-撒克逊人的祖先可以追溯到约瑟的两个养子，即上帝专门指定的"伟人"。为维护我们的伟大，我们必须保卫自己的"盎格鲁-撒克逊本土度量衡"，也即在大金字塔发现的、由"上帝设计的以色列度量衡"，只需稍作矫正（例如，只需与"金字塔寸"一致）即可变得"绝对完美"。托顿同样深深地迷上了数字命理学，他还向人们展示将金字塔的比例与人类的身体形态叠加后金字塔内部的通道与人类的"子宫、心脏、双肺"的位置一致。托顿还说，试图改变盎格鲁-撒克逊度量衡体系的做法属于违宪，宪法第一条第八款仅仅授权国会确定计量标准，并未授权其选择计量单位，因为计量单位是"人民的问题"。

托顿在《国际标准》杂志发表了许多与众不同的文章，其中还有一首歌，歌名为《一品脱的磅，满世界都唱》。歌词发表时配有曲谱，歌词出自他的手笔：

> 一品脱的磅，满世界都唱，
> 盎格鲁-撒克逊的我们，
> 与它地久，与它天长，
> 是我们恒久不变的衷肠。
>
> 它是历史丰碑，值得珍藏，
> 承载我们民族的荣光，
> 大地之上，留有印记，
> 消失的部落再不必仿徨。

[①] Charles Totten, *An Important Question in Metrology, Based Upon Recent and Original Discoveries* (New York: Wiley, 1884).

（合唱）

敞开胸怀，亮出大嗓，

撒克逊人高歌引吭。

一品脱的磅，满世界都唱，

直到脚下的大地动容。

一品脱的磅，满世界都唱，

无论贫穷，无论富贵；

人人丈量，没有短斤缺两，

祖辈起名，我辈传承荣光。

接下来的歌词再次转入合唱，其中有颂扬"古老的传统"、批判"公制计量"、弘扬"先贤们的铁律"等字样。[①]

　　然而，19 世纪 80 年代，赞成公制计量的人并未取得什么进展，没有任何促进公制计量的立法获得通过，推广公制计量运动后继乏力。人们开始将精力集中到"金字塔研究"方面。1888 年，查尔斯·拉蒂默亡故，《国际标准》杂志也停刊了。1900 年，皮亚齐·史密斯亡故，人们在他的坟墓上安置了一个石质的金字塔和一个十字架。

　　计量学历史还包括将计量单位与人造器物、自然现象、物理常数等绑定。不过，这仅仅是人类受神谕启示为计量学所做的少数几种尝试之一。奇怪的是，受神谕启示的计量学或许是最无法确定的事。恰如美国哲学家查尔斯·桑德斯·皮尔士（Charles Sanders

---

① *International Standard* 1, no. 4 (September 1883), pp. 272–274.

Peirce)所说，就利用神谕获取知识而言，"人类永远无法知道上帝那些深奥的旨意，也无法理解上帝那些计划。人类弄不明白的是，上帝竟然激发追随者们犯错误，或许他认为这么做是合适的"[1]。探索大金字塔令人着迷之处在于它展现的是极端，人们围绕探索度量衡终极答案形成的各种热情往往都很明确。

公制计量的谬误

美国国家标准局（简称国标局）第一任局长塞缪尔·W.斯特拉顿（Samuel W. Stratton，1861—1931）是个得理不饶人又有远见的科学家。从1901年到1923年，他在这一职位上一干就是二十二年。1905年，他把各州管理度量衡的官员们召集在一起开会，正是后者揭示出各州的度量衡"差异巨大"。国标局决心找出与这些事项有关的"统一法规和做法"，因而就有了美国度量衡大会，此大会后来发展成了一年一届的大会，且延续至今。

1902年，向国会提交公制计量法案时，斯特拉顿发挥了主导作用。门登霍尔签发的命令、国标局的设立，以及近期美国从政治上控制古巴、菲律宾、波多黎各（这些国家全都使用公制计量），这一切似乎让转制为公制计量变得更加迫切。一系列听证会贯穿了1902年一整年。开尔文勋爵（Lord Kelvin）是皇家科学家，他跨越大西洋，亲自出席听证会，以示支持；而且还说，如果美国接受公制计量体系，英国肯定会紧随其后。

支持公制计量引发的社会关注激起了又一轮反击，这轮反击的带头人是美国机械工程师学会的两位会员——塞缪尔·S.戴尔

---

① Charles S. Peirce, *Philosophical Writings of Peirce*, ed. J. Buchler (New York: Dover, 1955), p. 57.

（Samuel S. Dale）和弗雷德里克·A.哈尔西（Frederick A. Halsey）。他们凑在一起实在有些匪夷所思：戴尔十分健谈，哈尔西更倾向于闷头做学问，实际上此二人在所有事情上都势不两立，可他们在计量问题上的坚持让他们摒弃了个人恩怨。1904年，两人合著了一本分为两个部分的书，每人各写一部分，书名为《公制计量的谬误，公制计量在纺织工业的倾圮》（*The Metric Fallacy, The Metric Failure in the Textile Industry*）。这本书的书名页上写着：公制计量的谬误，弗雷德里克·A.哈尔西著；公制计量在纺织工业的倾圮，塞缪尔·S.戴尔著。[①]哈尔西在该书序言里对比了盎格鲁-撒克逊人之间的差异，称他们是"唯一在处理称重和丈量事务领域表现出理性的民族"，他们还创建了"全世界所有国家中最简单和最统一的称重和丈量体系"；反观法国人，他们充满理想色彩的、"空中楼阁式的"计量体系从未"在工业生产中促进过物质文明，仅仅在强权支持下做到过这一点"。哈尔西最担忧的是这一计量体系对各英语国家人民的冲击，正是他们"一手建成了有史以来最伟大的商业和产业结构"。哈尔西接着评论说，"人们要求他们拆除巨大的工业机体的组织结构，目的是让他们帮着建立源自境外的另一种组织结构，这不会给他们带来好处，只会给外国人带来好处"[②]。

这本书显然得到了美国机械工程师学会的赞助，特别畅销，成了"有史以来在出版界影响最大的反公制计量体系的作品"[③]。它的成功有赖于两位作者的不懈努力，尤其是戴尔，他赋予"不知疲倦"一词全新的含义。在他眼里，人不分高低贵贱，无论哪里出现

---

① F. A. Halsey and S. S. Dale, *The Metric Fallacy, by Frederick A. Halsey, and The Metric Failure in the Textile Industry, by Samuel S. Dale* (New York: Van Nostrand, 1904).

② Ibid., pp. 11–12.

③ Edward Franklin Cox, "The International Institute," p. 30.

赞成公制计量体系的情绪，他都会立刻寄去抗议信，不管对方是学校教师还是小镇报社编辑，抑或是参议员、内阁部长、总统级别的官员。据称，美国 1904 年圣路易斯世界博览会的工作人员对待美国的"码标准"（后经证实，那只是个复制品）非常粗心，戴尔就此给西奥多·罗斯福总统写了封抗议信。他还用这封信作为引子，谴责所谓的"门登霍尔阴谋"——斥其为非法和违宪，谴责其让全美国普遍使用公制计量的所有企图。[①]戴尔疯狂地搜集关于称重和丈量的图书，以及所有有关的信函，后来将它们捐给了美国哥伦比亚大学。[②]他捐赠的图书达到 1800 册，最早的版本可追溯到 1520 年，他捐赠的信函达到数十万页！戴尔和哈尔西鼎力支持的强大的反公制计量运动胜利了，倡导公制计量体系的人们认输了，此二人自此也分道扬镳。

第一次世界大战期间，南北美洲以"泛美主义"为名形成了一种国际协作和团结一致的情绪。这重振了公制计量的雄风，至此，南美各国已经一致实行公制计量体系了；有人再次提出一个公制计量提案，名为"阿什布鲁克提案"，于 1916 年提交美国国会。也是在 1916 年，人们成立了一个赞成公制计量的组织，名称为"美国标准协会"，执委会成员包括塞缪尔·斯特拉顿。戴尔和哈尔西摈弃前嫌，再次联手，组建了一个反公制计量的组织——"美国度量衡协会"，他们这次的后台依然是美国机械工程师学会。两人之间的争吵依旧甚嚣尘上，而且持续不断（戴尔精心保留了情节夸张的骂战记录，即双方互骂对方为叛徒的各种细节），不过共同的"事业"确保两人在抗击他们讽之为"公制狂人"的战斗中在同一个战

---

① S. S. Dale to T. Roosevelt, January 13, 1905, Samuel Sherman Dale Papers, Rare Book Collection, Box 11, Columbia University.

② Samuel Sherman Dale Papers, Rare Book Collection, Columbia University.

壕里咬牙坚持了下来。戴尔和哈尔西谴责"阿什布鲁克提案"违宪——制定称重和丈量的权力属于各州，而且这一提案对美国商业和工程具有危害性。戴尔写了个小册子——《门登霍尔败坏英制度量衡的阴谋》（*The Mendenhall Conspiracy to Discredit English Weights and Measures*），谴责财政部长 1893 年签署的提案非法和违宪，唯有国会才有权制定标准。美国标准协会会长乔治·孔兹（George Kunz）给戴尔写了封信，感谢戴尔寄来一摞反公制计量的出版物，同时还披露了当个"傻子"会有什么感受。孔兹的侮辱性言论让戴尔和哈尔西两人难咽恶气，戴尔经常在各种场合拿这个说事儿，他对孔兹的评价是：这些侮辱性言论清楚地说明孔兹是个"乡下佬和偏执狂"[1]。

在这场口诛笔伐中，起作用的不再是金字塔，而是爱国主义和钱包。"天意早已注定，既定的未来属于英裔美国人，"哈尔西在写给某记者的信中说道，"因而称重和丈量应当采用英裔美国人的方式。"[2]每当有人向国会提交相关提案，度量衡协会便号召成员们群起反对。"正因为钱包会受到损失，企业利益会受到损害，美国的制造商们必须群起自卫。"[3]这段引语摘自度量衡协会号召其成员踊跃参与国会听证会的一封信。

宗教问题是戴尔和哈尔西分歧严重的领域，两人尽力避免共同涉入这一领域。这么做并非总是成功的，尤其是涉及进化论和神创论之时。1925 年，《纽约时报》刊发了一篇赞成公制计量的温和

---

[1] George Kunz to Samuel S. Dale, November 17, 1923, Dale Papers, Box 8, Columbia University.

[2] F. A. Halsey to Daniel Adamson, March 17, 1919, Dale Papers, Box 6, Columbia University.

[3] W. R. Ingalls to the Members of the American Institute of Weights and Measures, September 24, 1919, Dale Papers, Box 1, Columbia University.

的社论，哈尔西就此写了封言辞激烈的信，该信恰巧在"斯科普斯案"（指 1925 年 3 月，美国田纳西州颁布法令，禁止在课堂上讲"人是进化而来的"。物理教师斯科普斯以身试法，制造了轰动美国的"猴子案件"）结案后没几天发表。信的标题为"公制计量体系的败北"，哈尔西在信里情不自禁地攻击反进化论者，他认为那些人（和"公制狂人们"如出一辙）出于意识形态原因对一些事物视而不见。该信结尾说道："和进化论一样，英制度量衡体系原本是板上钉钉的事，不过像原教旨主义者一样，公制计量党人对证据视而不见。说实话，公制计量倡导者们正是科学界的原教旨主义者。他们因循守旧，不明事理，不愿意学习。"[1]

戴尔从不相信进化论，他同样认为，那些倡导此理论的人是出于意识形态原因。他对哈尔西的行为非常愤怒，写信谴责对方拿这一危险的议题说事，而他们原本商定不碰触这个议题。他说，如果哈尔西一定要谈论"原教旨主义和进化论"，真实的情况为，公制计量体系的宣传战是下列人等所为："他们是所谓的科学家，一向否认支撑真科学的基本原理，还通过压制和忽略简单明了的事实刻意坚持明显错误的命题。"其实，真正的科学家们"由于热爱真理，随时准备接受真理，从不考虑后果。这恰恰是定义真理、探索这个星球各种生命形态的本源所必需的基本素质"[2]。

1921 年和 1926 年，美国国会就公制计量问题召开了两次听证会。不过，会后依然没有后续行动。整个 20 世纪 30 年代亦如是，几乎没有人提出立法动议。公制计量很难引起人们的关注，但体育领域可以说是个例外。随着国际比赛的增加，更多国家改用了公制

---

① Frederick A. Halsey, "Metric System a Failure," *The New York Times*, July 26, 1925, p. 12.
② S. Dale to F. A. Halsey, August 1, 1925, Dale Papers, Box 6, Columbia University.

计量，跳远、跳高、田径、游泳等项目全都使用公制计量单位。美国运动员发现自己面临着竞争，业余体育官员也在争论是否应当先行一步，改用公制计量体系。1936 年柏林奥运会期间，非洲裔美国运动员杰西·欧文斯（Jesse Owens）在跳远金牌争夺战中胜出，一位喜欢挖苦体育界反公制计量人士的《纽约时报》记者提了个问题：报道欧文斯的战绩时，后边两种打破纪录的说法哪一种让人印象更深刻：8.06 米——或者说，8 码 2 英尺 5.0328 英寸？ ①

残存的旧度量衡

二十多年以来，戴尔和哈尔西持续不断地、吵吵嚷嚷地满世界推销他们的说辞：公制计量体系已然失败，公制计量在其发源地引发的混乱肆虐整个欧洲。②他们的信息源主要是同情英制计量的各种报道，而不是独立的调查研究。亚瑟·肯内利（Arthur Kennelly，1861—1939）是哈佛大学机电工程学教授，美国标准协会执委会成员——经常遭受戴尔诽谤的数千位人士之一——1926 年是他享受学校七年一次年假的年份，他打算借机赴欧洲度假，亲自考察一下那边的形势。他说，过去二十多年里，超过三十个国家自愿给自己套上公制计量体系的紧箍咒，人口总数合在一起超过 3 亿，这让人类有机会实施超大规模的社会学实验。"一些人宣称，公制计量在欧洲已经失败，广泛使用的仍然是旧有的计量单位。"肯内利这段话暗指戴尔和哈尔西。肯内利将见闻写成一篇文章发表，标题为

---

① John Kieran, "Sports of the Times," *The New York Times*, August 5, 1936, p. 26.

② The U.S. metric controversy story is told in U.S. Department of Commerce, *A History of the Metric System Controversy in the United States* (Washington, DC: National Bureau of Standards, 1971), Special Publication 345-410.

《盛行公制计量的欧洲仍有旧度量衡坚守的痕迹，1926—1927》[1]。

　　肯内利的确在欧洲找到了旧计量单位的残存，不过已经很少见到它们，而且它们的使用量也日渐稀少。当然，他还找到一些考古文物，例如，老教堂和老市政建筑侧墙上可能镶嵌有古代公用长度标准，路侧的里程碑上可能刻有老式的里程单位，"都是人们早已忘却的踪迹难觅的残存物"。他还在古罗马广场找到了"金色里程碑"，那是奥古斯都大帝为遍布罗马帝国的路网设立的零千米点，或称起始点。

　　肯内利找到一些仍在使用的、看起来传统的计量单位，它们实质上都是公制计量单位，或者其下级计量单位，仅仅沿用了旧名称而已，他将其称为"改公制的"或"半改公制的"计量单位。例如，在许多说法语的地区，人们嘴里说"里弗"时，心里想的却是半千克（在马赛仅表示 400 克）；在一些说德语的地方，德国"磅"（Pfund）的境遇与此相同。境遇相同的其他计量单位还有"法里"（lieue，如今这一计量单位的意思是 4 千米）、"突阿斯"（2 米）、"翁斯"（once）或"昂斯"（ons）（25 克）、"雪深 1 英尺"（1/3 米深的降雪），凡此种种。肯内利的友人之一在来信中指出，这些传统名称仍然在坚守，并不意味着古老的计量单位仍然在用，这就像"华盛顿波瓦坦部落人酒店仍然由印第安土著人经营，因而仍然沿用了印第安名称"[2]。

　　肯内利发现，一些旧计量单位能够与新计量单位和平相处。帽子、衬衫、靴子可能会有两套数字标签，即同时用公制计量体系和英制计量体系标识其大小。他认为，这么做实际上并不"违反公制

①　Arthur E. Kennelly, *Vestiges of Pre-metric Weights and Measures Persisting in Metric-System Europe, 1926–1927* (New York: Macmillan, 1928), p. vii.

②　Ibid., p. 51.

计量体系"，因为通常情况下买卖双方都不知道这些数字的实际意义。人们也能接受其他非公制计量单位，因为老年人用得着它们。一位法国科学家对肯内利说，一次他在法国芒通（Menton）患了严重的支气管炎，看病时刚好碰上一位苏格兰医生。医生开方子用的是英制度量衡，而法国药剂师一眼就看明白了，而且分毫不差。回到巴黎后，这位科学家向有关部门通报了这种违反法国法律的做法，他反而被告知，此类违规做法大多无害，很难用法律约束。

肯内利还发现，在公制计量单位完全不适用的地方，人们会随机创造度量衡。其中包括意大利翁布里亚的"索马"（soma），指的是一头骡子或毛驴驮柴火时可承受的重量；还有瑞士的"斯坦顿"（stunden），或者说当地人用于表达里程的"小时"——旅游者们觉得，在那个多山的国家，由于上山和下山步行速度不一样，用小时而非线性单位表示距离，会显得更明智。在德国某些城市，人们仍然在用"罗特"（Lot），用来指代大约一杯咖啡豆的量；在意大利博洛尼亚地区，人们依然会用旧称"里布拉"（libbra）和"翁西亚"（oncia）衡量蚕子，还会用"卡斯提雷提得"（castellated）和"卡洛"（carro）计量葡萄和木材。在西班牙马略卡（Mallorca），人们出售白银时用传统的计量单位"阿达米"（adarme）过秤。肯内利认为，这些传统用法并无害处。

肯内利进而还发现，许多旧计量单位最近消失了，而原因并非是公制计量体系的普及。表示步行 1 小时距离的"里格"或"法里"在法国一度很流行，它们消失的原因是自行车的普及。"科尔迪"（corde）指的是一定量的柴火，在使用柴火炉取暖的地区，这一计量单位依然在坚守，但已逐渐淡出了使用中央供暖的地区。简言之，公制计量的普及既受益于欧洲的环境变化，也受益于政府的作为。①

不过，肯内利认为，导致旧度量衡衰败的最重要的原因——除了法律强制使用公制计量体系——是这些地区不断增长的相互依存关系。肯内利的一位法国友人来信说："我想象得出来，中世纪时，这些小村庄自以为处在相对偏远的地方，这犹如今天的我们自认为离美国很遥远。然而，最近林德伯格（Lindbergh）创造的纪录（这封信寄出三个月前，林德伯格独自飞越了大西洋）实在发人深省。人类已经可以期待，有朝一日，各国人民都可以接受一个完全相同的计量体系，这点指日可待。"②

肯内利总结说，戴尔和哈尔西两人都错了，公制计量体系已然深深地植根于欧洲，且势力还在逐渐增强。旧计量单位偶有现身，主要是因为考古发现、情感需求以及随机创造。

---

① 肯内利还遇到过一些古代做法延续至今的实例。西班牙巴塞罗那是个重要的商业中心，肯内利在那里碰到一个英文译名为"巴塞罗那商业称重员和测量员团队"的机构。该机构最初是个行会，成立于 1292 年前的某个时间段，这是该机构档案里最早的一份文件上的日期。该机构声称自己是数百年后欧洲其他国家成立的相同机构的典范。该机构的历史文物包括一个巨大的墙体十字架。为整船货物实实在在地过磅前，称重员们会习惯性地发誓说会公平地、准确地称重。这表明，人们一直都明白，虽然计量方法已经非昔比，信任和公平在计量中从古至今都非常重要。

② Arthur E. Kennelly, *Vestiges*, p. 51.

第八章
您肯定是在开玩笑，杜尚先生

这是跟"米制"开的玩笑。

——马塞尔·杜尚

　　漫步在纽约现代艺术博物馆（MoMA）第五层的画廊里，人们可以欣赏到一些 19 世纪以及 20 世纪初期的最著名的艺术品。例如，某个房间里悬挂着文森特·威廉·梵·高的《星月夜》，另一个房间里悬挂着萨尔瓦多·达利的《记忆的永恒》，第三个房间里悬挂着亨利·马蒂斯的《舞蹈》。还有一个房间，满屋子挂的都是彼埃·蒙德里安的作品，包括《百老汇爵士乐》，其他作品似乎都出自巴勃罗·毕加索的手笔，包括一幅《亚维农少女》。

　　沿楼梯上行至某楼层顶端的平台，角落里有个小画廊，屋里的作品制作得相当与众不同，屋子中央摆放着《自行车轮》，那不过是个自行车轮，架在倒置的前叉上，前叉立在一个就餐用的凳子上。这件作品出自法国艺术家马塞尔·杜尚（Marcel Duchamp，1887—1968）之手，他声名大噪的一大原因是人们对他的许多作品一直存在争议。例如，《泉》——那是个陶瓷小便池，杜尚在小便

图 12 马塞尔·杜尚

池边缘签了个假名；再如 *L.H.O.O.Q.*，是一个《蒙娜丽莎》的复制品，杜尚的画只不过比原画多了上髭和山羊胡。杜尚将《自行车轮》称为"成品"，也即他选择的某个日常用品，为其添个名目，然后将其称为艺术品。

房间里有个靠墙而立的玻璃柜，柜子里是杜尚另一件耐人寻味的作品，名为《三个标准器的终止》。这件作品包括一个开着盖子的槌球盒，盒子里没有球棒，而是两条又薄又长、看起来像玻璃的"胶片"袋，每个胶片袋里有一根固定在帆布条上的弯弯曲曲的长线，盒子里还有两根破木条，盒子上方的半空中吊着个内装长线的胶片袋，以及一根破木条。设在柜子旁边的文字说明牌标注着：本作品制作于 1913—1914 年，"这是跟'米制开的玩笑'，这是杜尚对这件作品油腔滑调的注解，不过这一注解有个前提，大致隐含着如后定理：'假设 1 根 1 米长的直线从 1 米高平行掉落到一个平面上，掉落过程任其自由扭曲，它会创造出一个新的长度单位形象。'"说明里还写着："杜尚让三根 1 米长的线从 1 米高掉落到三个长长的帆布条上，然后将这三根线固定在帆布上，以便保留它们随机掉落在平面后的弯曲，帆布条是沿着线的走势剪裁的，制作出的模板即是线的各种弯曲——这样就随机创造出了新的度量衡单位，既保留了米的长度，又颠覆了它的合理基础。"

这件绰号《终止》的作品的确很奇怪，它的文字说明更让人振聋发聩。合规的"米"是国际单位制的基本计量单位，是国际单位制的创造者们，也即法国的革命者们视之为科学性和政治性解放的"米"。这件艺术品真能阻止米制吗？或者，它不过是杜尚派人士的又一次调侃。从说明牌来看，博物馆馆长们并未意识到其中的讽刺：艺术家讽刺的是人们对精准和普世的痴迷。而且，是艺术家对此有足够的敏感，因为他是在这种文化氛围中长大的。冷眼旁观的参观者很可能会以为，艺术家的这件作品跟科学根本扯不上关系。杜尚对科学、公制计量体系、度量衡有多少了解，是什么促使他制作了这个物件？若想知道答案，我们必须回到 20 世纪初期那些年，其时科学界正处于爆发时期，杜尚正在长大成人。

科学引发的焦虑

20 世纪初，令人惊异的科学发现（X 射线、放射现象、电子等）和强大的新技术（电气化、无线电报等）正颠覆性地改变着人类的生活，以及人类对大自然的固有观念。虽然杜尚从小接受绘画训练——为了成为艺术家，他 17 岁便跟着两个哥哥来到巴黎，但他和其他非科学家们乐于接受一切与科学有关的事物，因为当时高质量的科普活动很多。科学家们，例如玛丽亚·居里（Marie Curie）和欧内斯特·卢瑟福（Ernest Rutherford）等人经常在畅销杂志上简明扼要地介绍他们的研究工作。其他人诸如让·皮兰（Jean Perrin）

和亨利·庞加莱（Henri Poincaré）写了许多畅销书。大众文化里充满了科学气息。

亨利·庞加莱在 1902 年出版了《科学与假设》（*Science and Hypothesis*），截至 1912 年，这本书已经重印二十次。庞加莱雄辩地说明，近期的科技进步正在动摇牛顿的力学基础，人们甚至对科学的客观观念产生了质疑。人们将庞加莱倡导的哲学态度称为"保守主义"，这一态度认为，几何图形和所有科学定律其实都是为了方便人类——无论是心理投射还是理论框架——而不是为了如实解释大自然，这种想法必将深刻地影响诸如杜尚这样的艺术家。

《科学与假设》之类的书籍激发了一种文化焦虑：科学承诺给人类的似乎是稳定性——全世界处于一种秩序井然的、力学无所不在的情景中，拥有可靠的和强大的技术，还有不断增加的物质享受；基于各种机构和协议的国际合作机制日益扩大，重建整个人类社会指日可待。不过，欧洲却在慢慢地滑向第一次世界大战，许多苗头显示，前述的美好憧憬可能无法实现。其实，机械情景并非不存在混沌现象，技术也并非无害，物质享受也不像看起来那么稳当。

法国诗人兼文学评论家保尔·瓦雷里（Paul Valéry，1871—1945）用似是而非的文笔表达了人们的上述矛盾心态。他是这样表述的：人类向往秩序，却在创造无序；人类追求美德，却在制造恐怖；人类探索合理，却在孕育无理。瓦雷里没有专门举例说明他讲的是什么，不过他极有可能讲的是"量子"概念——这一概念出现时，人们正在千方百计地整理热力学的细枝末节。诗人的原话是这么说的："疯狂地追求精度"正在将人类引向反面，进入这样的状态——"宇宙正处于分裂进程中，已经毫无希望归于一体，超显微状态下的世界与人们平日所见大相径庭。对宿命论来说，这导致了因果关系的危机。"

瓦雷里更加肆无忌惮地说道："科学之力正在征服整个世界，导致所有领域都无法预测了。"在他眼里，科学的冲击在人类生活的所有领域都能感受到，他曾经预言："人类的艺术概念会发生天翻地覆的变化。"[①] 那个时代的许多艺术家认识到，他们与科学有着不解之缘，艺术领域发人深省的发现总会成为头版新闻，而且会对深深地植根于现实的观念形成挑战。

当年的一个热门话题是第四维度，当时人们想到的是时间之外的另一个空间维度（1919 年，广义相对论证实许多预言后才有了时间维度）。当年，许多小说家、音乐家、画家意识到，这一想法令人兴奋，大开眼界。对一种人来说，它意味着一个新的空间，人们可以看透其内部；对另一种人来说，它意味着多重透视效果的确存在；对第三种人来说，的确存在唯有艺术家的直觉才能感悟和揭示的现实秩序。第四维度的大部分影响源自 X 射线的发现，真有处于人类视觉之外的看不见的结构，X 射线让这些结构不再是哲学家笔下形而上的东西，不再是神秘术士的幻想，反而成了科学事实。

制作"米"

杜尚少年时已经在绘画和数学领域展现出天赋，他对科学的兴趣已经在他最早的一些作品里露出了端倪：例如，《下楼梯的裸女，作品二》（完成于 1912 年）表现的是一个移动中的身体形象抽象地分解成一串平面身形。杜尚的两位哥哥一向跟他关系亲密，他们要

---

① Paul Valéry, *Aesthetics*, trans. Ralph Manheim (New York: Pantheon, 1964), p. 225.

求他将那件作品从共同参与的一个独立艺术展上撤下来，这令杜尚大吃一惊。一次会见记者时，他说："一些我一向认为自由开放的艺术家竟然会做出这种举动，作为反制措施，我找了份工作——在巴黎圣日内维耶图书馆当了图书管理员。"[①]

1912 年末到 1915 年，在图书馆工作期间，杜尚广泛阅读了艺术领域和大众科学领域的书籍。他还参观了巴黎工艺博物馆，那里有大量高质量的度量衡展品。对于对科学和技术感兴趣的人，那里是个好去处。多年后，杜尚回忆说："当时我没有办展和出版全集的想法，也没有一辈子当画家的想法。"[②] 他在认真思索，在崇尚科学的文化背景下，怎样才能让艺术有意义。后来出版的他的大量手记显示，他仔细阅读过许多科学文献，涉及的领域包括非欧几里得几何学、第四维度、相变理论、放射现象、原子结构、热力学、生物学、电学等。

杜尚在一段手记里表示要"画一幅频率图"，他还在另一段手记里表示要"画得精准"，还有一段手记说的是探索"好玩的物理学"，另有一段手记谈到他特别想创造"一种有可能让物理定律和化学定律在其中稍微扩大化的现实"。[③] 这些以及其他手记显示，杜尚对清晰的和非专业的科学文体、概率、实验方法、保尔·瓦雷里所说的二价特性、亨利·庞加莱的保守主义哲学等领域兴趣浓厚。

保守主义的哲学观帮助杜尚冲破了传统美学——他戏谑地将其称为"视网膜艺术""口味""手工艺制品"——的樊笼。他并不觉

---

① Pierre Cabanne, *Dialogues with Marcel Duchamp* (London: Thames and Hudson, 1971), p. 17.

② Ibid., p. 59.

③ Marcel Duchamp, *Salt Seller, The Writings of Marcel Duchamp*, ed. M. Sanouillet and E. Peterson (New York: Oxford University Press, 1973), p. 71.

得这些原理是必备的，而认为是可选择的，并寻求备选方案。1912
年，和艺术家费尔南·莱热（Fernand Léger）以及康斯坦丁·布朗
库希一起前往大皇宫参观博览会后，杜尚感慨道："绘画完了，谁
能比那个螺旋桨干得更好？"[①] 杜尚把家搬到了图书馆附近的公寓
里，用各种"干法"（即是用机械设备和机缘性）让线落到帆布条
上的实验正是在那里进行的。

　　1923 年，杜尚创作了艺术史学家称为杰作的作品，人们对他
的关注达到了顶峰。作品名称为《新娘的衣服被单身汉们剥得精
光》（人们通常将其称为《大玻璃》），包括两个直立的巨大的有框
窗格（由于一次意外，玻璃破碎了，杜尚又将其修好了），玻璃之
间有各种各样的机械物体、几何形状、线绳。这是一件破旧立新、
出类拔萃的作品，主要源自杜尚对科学的冥想。创作这件充满智慧
的艺术品之前，杜尚利用偶然性、第四维度以及多种科学元素做过
各种实验，也创作过其他一些作品。他用一种玩世不恭的寻衅方式
发出挑战，以便模糊艺术和日常用品之间的界限。

　　杜尚的妹妹们很随意地从一顶帽子里一个接一个地摸出
音符，然后引吭高歌，成就了他的音乐作品《偶然的音符》
（1913）。杜尚所谓的"成品"（法语为 tout fait）本身就是普通物
品，他让它们脱离发挥功能的环境，签上自己的名字，然后将其
安置到其他艺术品旁边，它们就成了艺术品。杜尚的其他作品对
构成现实世界的隐秘的密码和机制大加嘲讽，让它们通过他的作
品显形；同时揭示出它们并非永恒的装置，不过是一些"约定"。
例如，《赞克支票》（1919）即是一幅开玩笑的作品，杜尚以此来
支付纽约牙医丹尼尔·赞克（Daniel Tzank）开出的诊疗费用。那

---

① Marcel Duchamp, *Salt Seller*, p. 160.

是画在杜撰的小说《牙齿的贷款和信贷公司》上的一张 115 美元的支票。《蒙特卡洛债券》（1924）是一幅画，其构思源于传统的债券图案。杜尚临摹好债券后，将其当作数字游戏的一部分出售，以便在蒙特卡洛的轮盘赌局上将其赢回来。这两件即时模仿品引起了人们的关注，它们不过是几张纸，但在特定的条件下却可以拿来交换真实的服务。

杜尚的各种冲动——对科学的玩世不恭，保守主义立场，对他人追求精准进行恶搞，对构成现实世界的社会共识大不敬——全都交集在了绰号《终止》的作品里。

第一个嘲弄计量标准的艺术家或作家并非杜尚。作家阿尔弗雷德·雅里（Alfred Jarry，1873—1907）是超现实主义和达达主义的老前辈，他像杜尚一样喜欢捉弄人，常常在作品里提到当年的一些物理学家，诸如查·波易斯（C. V. Boys）、威廉·克鲁克斯（William Crookes）、开尔文勋爵、詹姆斯·克拉克·麦克斯韦等人。1893 年，雅里创造了"啪嗒学"（pataphysics）一词，用以描述他对科学的玩世不恭，包括嘲笑人们疯狂地痴迷度量衡标准。例如，雅里的小说《啪嗒学家浮士德若尔博士的功绩和思想》（*Exploits and Opinions of Doctor Faustroll，Pataphysician*，1911）一书的主人公总是在大衣口袋里揣个"厘米"，那是个"官方制造的铜质传统计量标准具的复制品"。

可以肯定的是，那个时代是变着花样嘲弄人的时代。法国幽默杂志《白乌鸫鸟》（*Merle Blanc*）曾经误导凡尔赛宫管理层邀请人们前来鉴赏一个稀有的"刻在红木上的双分米标准"，它曾经是蓬帕杜夫人的物品。（事实是，当时分米根本不存在，早在发明米制三十年前，蓬帕杜夫人已经过世。）随后，该杂志大力游说法国各博物馆接受人们捐赠的原属拿破仑的汽车、原属米洛斯的维纳斯的手镯、原属胜利女神像的眼镜。[①]

杜尚对计量标准的嘲弄更为丰富多彩，更显机智，更贴近科学，其核心内容也贴近他自己的艺术观。1913—1914 年，他已经开始创作后来才定型的绰号《终止》的作品，他在一篇手记里将其称为"固化的偶然"。按照同一篇手记的说法，1914 年，这样的实验他重复做了三次，将三根线固定在了帆布条上。

1915 年，杜尚离开巴黎前往纽约，将三个帆布条一起带了过去。1918 年，在创作平生最后一幅油画 *Tu M'* 期间，他让人将木质模板切割成曲线形状，制成了拙劣的"米杆"，以图形方式将度量衡标准化、具体化了。1936 年，进一步修正二十年前固定在帆布条上的线以后，他将其装进三个胶片袋内，与三把木尺一起装进一个木盒里。这件作品第一次公开亮相是 1936—1937 年在 MoMA，第一幅关于它的照片刊登在 1937 年出版的一份艺术报纸上。

"终止"的意思是，一个东西自主停下来，或者被截停。《三个标准器的终止》表现的是三根终止的标准线。多年来，杜尚一直对各路记者说，这幅作品来自他的第一次"偶得"。他说，他终于认识到这是一次重要的尝试，"让我摆脱了过去的束缚"。1953 年，这件作品入选 MoMA 藏品时，馆方要求杜尚填写一份问卷，他写道："跟米制开的玩笑——波恩哈德·黎曼（Bernhard Riemann，德国数学家）的后欧几里得几何学幽默的应用，因为它避开了使用直线。"这件作品在杜尚后来的诸多作品中——尤其是在他与传统艺术的切割中——扮演了什么角色，艺术史学家至今仍在研究。在 MoMA 1984 年出版的《玛丽·希斯勒和威廉·希斯勒作品集》（*The*

---

① "April Fool's Joke on Learned Curator," *The New York Times*, April 12, 1925, p. E3.

Mary and William Sisler Collection）里，艺术史学家弗朗西斯·瑙曼（Francis Naumann）公布了他对《终止》的开拓性的研究，他点到了哲学家麦克斯·施蒂纳（Max Stirner）对杜尚的影响。就《终止》与杜尚对非欧几里得几何学以及当代度量衡学的兴趣之间存在何种关系这一问题，得克萨斯州立大学艺术史学家琳达·亨德森（Linda Henderson）在随后十年进行了深度挖掘。"通过生成三个不一致的度量衡新标准来颠覆米标准，"亨德森在 1998 年出版的《语境中的杜尚》（*Duchamp in Context*）一书中说道，"杜尚已经远远超越了艺术自身的诸多传统定义。"[①]

大约在本书出版十年前，关于杜尚的《三个标准器的终止》的故事出现了令人讶异的转折，纽约艺术家朗达·希勒（Rhonda Shearer）和已故丈夫斯蒂芬·杰伊·古尔德（Stephen Jay Gould，身兼哈佛大学古生物学家、生物进化学者和作家三重身份）追踪调研了杜尚的某些"成品"和其他作品的准确出处。他们试图复制《三个标准器的终止》的制作过程，让几根长度为 1 米的线自然掉落，他们发现，那几根线扭曲和拧巴成了各种形状，没有一根能够形成顺滑的弧度。前往 MoMA 仔细查看那件作品时，他们才发现，那几根线根本不是恰好 1 米长，而是穿过针孔般的小眼后，在帆布条背面继续顺延了数厘米，然后才固定到位。

希勒和古尔德夫妇认为，通过上述实验他们发现了杜尚的真实动机。他们宣称，杜尚所说的制作这件作品的过程是在欺骗世人；杜尚心里清楚，早晚有一天，使用科学方法验证其制作过程的人会揭穿他。夫妇二人创建了一个致力于研究杜尚的网络刊物（网址

---

① Linda Henderson, *Duchamp in Context: Science and Technology in the Large Glass and Related Works* (Princeton: Princeton University Press, 1998), p. 63.

为：http://www.toutfait.com），此外，他们还创建了一个"艺术科学研究实验室"，以探索"研究人文的科学方法"，从而推广"方法，而非人，才是客观的"这一理念。①

其实其他艺术史学家早已心知肚明，杜尚从一开始就对计量标准大不敬，喜欢冷嘲热讽，曾经强烈表示渴望"扩大"物理定律，曾经利用长短不一的线做实验，对于希勒和古尔德夫妇的结论他们并不意外。那几根线穿过针孔般的小眼，在帆布条背面固定到位，这件事也没有让他们感到不妥；杜尚在其他一些作品里也用相同的方法将线绳固定到帆布上，也许他从一开始就打算用这种方法固定线绳。（而且，为达目的，他必须使用比 1 米稍长的线。）艺术史学家还意识到，比起线的长度问题，《终止》背后的哲学争议更有助于理解《终止》本身。

至于杜尚如何让那几根线的弧度那么顺滑，加利福尼亚州立大学奇科分校的艺术史退休荣誉教授吉姆·麦克马纳斯（Jim McManus）曾经请教一位上了年纪的德国裁缝，后者曾经因为线及其相关技术问题接受过欧洲传统方式的训练。那位裁缝提到一种非常流行的做法，利用扣眼让线扭曲，而且为了让线不易拉断需要给线打蜡，这是做服装的基本功。麦克马纳斯买来一些线和蜡，和弗朗西斯·瑙曼一起做起了实验，如此一来，他们同样可以做出杜尚做出的效果。他们的结论是，杜尚似乎真像他说的那样"创造"了他的作品。

后来，麦克马纳斯亲自动手制作了一套骗人的玩意儿，他发明了"入门级动手自制《三个标准器的终止》套件"。套件里有线、蜡以及文字说明，署名用的是假名"露茜·赛娜维"。杜尚曾经用

---

① 艺术科学研究实验室的网址是 www.asrlab.org。

这个名字宣示他另一个女性的自我（这一名字本身是双关语，其法语发音的释义为"爱神啊，人生如斯"）。套件说明里有如下承诺，购买者可通过"亲自动手"制作《三个标准器的终止》，"让朋友们眼前一亮，让艺术史学家惊讶不已"。

麦克马纳斯给过我一个套件。一天，我和儿子一起动手进行了尝试。我们首先让一根没打蜡的 1 米线自由掉落，那根线飘落时扭动并卷曲着，落到地面时，它看起来像缅因州的一段海岸线。随后，我们一个人举着蜡，另一个人抓住线的两端，让线从蜡上划过，给线打上蜡。果不其然，那根蜡线落到地面时，其弧度既顺滑又柔和，像新泽西州海滩上平顺的水陆分界线。

关于《终止》的故事让人们认识到，20 世纪初，科学和艺术的互动远比人们想象得宽泛许多；不仅如此，它还让人们认识到，调研这两者之间的关系会有什么样的收获和风险。[1]

《终止》恶搞了——别有用心地营造氛围以模仿典型特征——全球性计量体制。它没有借用硬质合金，反而用了一根线；它没有借用稳定的形态，反而用了飘动的丝状物；它没有排除各种干扰和意外，反而借力于斯；它没有借用非欧几里得空间的弯曲直线，反而在艺术家的工作室里让一根线自由卷曲；它没有通过国际科技机构的体系宣称某个人造物体成了一种计量标准，反而通过某艺术家和艺术机构的体系宣称，一根线变成了计量标准；它没有让米制成为

---

[1] 就在不久前，基于一些学者对当代通俗文学的认真研究，一些艺术史学家更加深入地了解了科学是用什么方法影响了这一领域和 20 世纪初期的其他艺术。其中包括盖文·帕金森及其作品《超现实主义、艺术、当代科学》（*Surrealism, Art, and Modern Science*，2008），伊丽莎白·利恩及其作品《读懂普通物理》（*Reading Popular Physics*，2008）。《当代艺术中的第四维度和非欧几里得几何学》（*The Fourth Dimension and Non-Euclidean Geometry in Modern Art*，初版于 1983 年）是汉德森基于广泛研究的成果，该书在追加补充材料后已经重印。

一种对人类的解放——如米制的创立者们希望的那样，也即法国革命者们希望的那样，反而对其进行恶搞，使其成了对艺术家的解放。

杜尚的《三个标准器的终止》轻轻松松地做到了上述这些，而且用的是一种愉悦的和古怪的方式——脑子快的人如果太较真，也无法"理解"它——还触发人们对保守主义和计量标准进行思考，并且乐在其中。既然艺术已经做到了极致，人们还能指望什么呢？

讽米学说

拿计量单位和度量衡开玩笑，已经成为一个科学门类，我们不妨将其称作"讽米学说"。计量单位"斯穆特"（Smoot）是几个最出名的实例之一，差不多所有涉及度量衡的书籍都会提到此事。1958年，一帮学生兄弟会成员异想天开，搞了个活动：他们选出一个会员当尺子，以丈量哈佛大桥的长度，被选中的人是奥利弗·里德·斯穆特（Oliver Reed Smoot，身高 5 英尺 7 英寸）；测量结果为 364.4"斯穆特"，误差范围是"正负一耳朵"。这一度量衡的盛名持续至今，已经在哈佛大桥上有了纪念碑，还收入了谷歌计算器的计量单位。

犹如杜尚的《终止》，以上所说并非纯粹的玩笑。如何在课堂上利用度量衡互动，以上活动是个实例，并且很能说明问题——也就是说，人们可以利用任何东西实施测量，只要那东西可用、能用、用起来方便即可。我常常在任教的班级启发学生们利用屋里能找到的计量单位测量教室容量，我会给学生们充分的自由，让他们想用什么就用什么。讨论完各种可能性以后——学生们往往不选课桌，因为那东西太硬，搬起来太重；粉笔倒是容易搬动，由于必须重复的次数太多，也不会入选——学生们通常会选用某人的臂长或身高作为度量衡，无论男生或女生，通过挪动身子即可实施丈量。我第一次要求学生们尝试之际，他们选中了一个叫蒂娜的女孩，因为她的身高看起来大约是从地面到天花板的一半（测量教室维度时，为避免出现小数，她似乎是班里唯一的人选），她本人也乐于躺倒在地，挪个位置然后再次躺倒。测量结果为，教室为 104.5 立方"蒂娜"。

一位奥地利物理学家对我说，他成长的那个地区有个很重要的度量衡，叫作"圆蛋饼长"，即蛋饼模具上的一个圆孔，人们借助这样的圆孔挤压面团，做成面剂子。

维基百科甚至为好玩的和虚构的计量单位开辟了网页，其数量每年都在增加。最经典的例子是"海伦"，一种计量主观特性的单位，它源自克里斯托弗·马洛（Christopher Marlowe）所著的《浮士德博士的悲剧》（*The Tragical History of Doctor Faustus*）里的一句台词，意指特洛伊的海伦美丽的面庞"启动了上千条战船"，隐含的意思是，启动一条船的量化单位是"千分之一海伦"。一位物理学家曾写信告诉我，他最喜欢的计量单位是"狗"和"牛"，当年他还是学生时，物理老师用它们当坐标轴标题，加在了他画的图表上，因为他忘了加标题。"羊倌视距"（sheppey）是道格拉斯·亚当斯（Douglas Adams）和约翰·劳埃德（John Lloyd）发明的最近的距离单位，在这一距离内，人们可以辨认出羊——换一种说法，即大约 1.4 千米。"沃荷尔"（warhol）是计量名望的度量衡，其数值等于 15 分钟，如此一来，"兆沃荷尔"等于百万个 15 分钟，或等于 28.5 年。"胡须秒"（beard-second）的释义为，一根"标准胡须在 1 秒钟内生长的"长度，它本是个用身体当度量衡的玩笑说法，其灵感来源于光年学说，也可以说是光线运行 1 年的距离。[①]

---

① Kemp Bennet Kolb, "The Beard-Second, a New Unit of Length," in *This Book Warps Space and Time: Selections from The Journal of Irreproducible Results*, ed. Norman Sperling (Kansas City, MO: Andews McMeel, 2008), p. 13.

人们会用一些幽默的名称表达"最小量"计量单位。一位退休仪器工程师曾经写信告诉我，"小虫"（midges）是"在静力摩擦限制下，在设计者设定的调整机制下，以及操作者灵活的操控下，某类特定的机械或电子装置在输出端实现的最小的线性运动和环形运动的量"。其他一些工程师曾经撰文介绍"蚋蚊须"，人们更为熟知的是比它稍大的上级计量单位"蚋蚊腔"和"公鸡毛"（英国许多地区的口音将其说成是"公鸡苗"），例如，人们常说："把那根针往左边挪一公鸡苗！"一位物理学家和软件工程师向我解释了捕捉信号的技术词汇，例如："推克"（tweak）指的是微调到位；"推抖"（twiddle）指的是操作不当；"弗捞"（frob）指的是漫无目的的操作。

　　计量单位的前缀甚至也能成为玩笑的主题。权威国际单位制向上的倍数以千表示，千兆的前缀为"拍它"（peta），倍数为 10^{15}；千兆兆的前缀为"艾克萨"（exa），倍数为 10^{18}；继之为"泽它"（zeta），倍数为 10^{21}；然后是"尧它"（yotta），倍数为 10^{24}。2010年，加州大学戴维斯分校物理系的一个学生在"脸书"上发出倡议，为倍数 10^{27} 申请前缀名称"海拉"（hella），它源自加利福尼亚州俚语"海了去啦"（a lot of）。从此一发不可收拾，许多人给国际科学杂志《物理世界》写信，倡议为国际单位分数加前缀，例如分数 10^{-27} 的前缀为"迪尼"（tini）；分数 10^{-30} 的前缀为"隐西"（insi）；分数 10^{-33} 的前缀为"问西"（winsi）。一位记者撰文称，国际单位制为分数 10^{-21} 加的前缀"泽托"（zepto）显然是"泽波"（zeppo）的笔误，他还建议为分数 10^{-27}、10^{-30}、10^{-33} 分别更换前缀为 groucho、chico、harpo。[①]

---

① *Physics World*, April 2010, p. 3; B. Todd Huffman, Letter, *Physics World*, May 2010, p. 14; Keith Doyle, Letter, *Physics World*, May 2010, p. 14.

一位退休物理学教授的儿子是个计算机软件工程师，他曾经写信告诉我，他儿子是个笃信国际单位制的人，从来不注意一般意义上的生日，而是按兆秒（megaseconds）计算年龄——虽然这个秒是研究天文学时的偶然发现，但它至少是个国际单位制单位，如今它与太阳系已经没有了任何关系。那位儿子每 50 个兆秒庆祝一次时间的流逝，父亲虽然不知其所以然，也学着儿子的样子，告诉前来听课的学生们，每节课为一个"微世纪"（即 52 分 36 秒）。

计量单位本是为了满足人类的需求，而人类每日的生活需求总是花样翻新，且总是在变化之中。生性快乐的人自己心里有把尺子，他们连挖苦带嘲讽，或者以象征性手法向人们展示，测量过程多么不靠谱。人类总是以为，自己的测量方法理所当然地应当如此如此，而测量常常总是躲在日常生活背后。往往在出现重大事故之际，计量制才引起人们的注意（负责计量制的人们除外）。最臭名昭著的一幕出现在 1999 年，是年，两队工程师分别用英制计量单位和公制计量单位为各级火箭编程，结果导致价值 1.25 亿美元的火星飞船坠毁。飞机不得已迫降的事时有发生，深究原因，总是如出一辙：各方对飞机携带的燃料总量沟通有误。所以，计量单位有其不争的文化价值。计量单位会用幽默的而非灾难性的方式提醒人们，它们有约定俗成的特性。

第九章
人类梦寐以求的终极计量标准

不懂科学的人会以为，实验室工作对精度的要求极为严苛。如果有人说，除了电气测量技术，那里大部分的工作对精度要求都不高，就像是为窗户配窗帘时测量一下窗子宽度而已。听到这样的说法，人们会备感不可思议。

——查尔斯·桑德斯·皮尔士

从某种程度上说，查尔斯·桑德斯·皮尔士（这一姓氏的发音应当是珀斯 [purse]，1839—1914）的说法或许有些夸张，不过，既然说的是计量问题，他比谁都清楚这话的分量。皮尔士是美国土生土长的、最为杰出的、最为怪异的、有生之年未得到认可的天才之一，他是个逻辑学家、科学家、数学家，还是美国最有见地的哲学家，也是"实用主义"哲学学派的奠基人。他还是美国最重要的度量衡学者之一。[①] 他一直从事精密测量，还改良了精密测量技术。他从事的工作

---

① Victor F. Lentzen, "The Contributions of Charles S. Peirce to Metrology," *Proceedings of the American Philosophical Society* 109, no. 1 (February 18, 1965), pp. 29–46.

图 13 查尔斯·桑德斯·皮尔士

帮助美国的计量学摆脱了英国的阴影，在世界范围内有了一席之地。

通过实验方法将计量单位"米"与某种自然标准维系在一起，皮尔士是第一人，他用的是某一光谱线的波长。数世纪以来，各国科学家们朝思暮想的正是获得一种自然标准：法国人试着将计量单位"米"与地球的体量挂钩，英国人试着将其与秒摆挂钩，各种尝试均以失败告终，皮尔士最终成了第一个向人们演示成功的人。

令人惊讶的是，皮尔士的作为没有引起多少人的注意，个中原因有很多。首先，即便许多科学家当时意识到了他的壮举的重要性，他的实验也从未圆满完成，也从未让他满意，碎片化的相关报告散见于他已经发表的多达 12000 页的文字里，以及 80000 页手写的手记和信函里，绝大多数是关于逻辑、数学、科学、哲学的。更重要的是，皮尔士的想法——计算波长——几乎是立刻被阿尔伯特·亚伯拉罕·迈克尔逊（Albert Abrahan Michelson）继承过去并发扬光大，后者是更为知名的美国科学家，他采用了更加高端的技术。1907 年，迈克尔逊成了第一个获得诺贝尔物理学奖的美国人，他通过著名的实验证实了"以太"不存在。后人没有将维系米和光波长的第一次实验记在皮尔士头上，而是将这一殊荣张冠李戴到迈克尔逊头上。最后还有，皮尔士一团糟的职业生涯和个人生活妨碍了人们对他的贡献做出综合评价。

在专业领域，皮尔士是个永远用十根手指按住十只跳蚤的多产的博学之士。他总是在刚开始做某事之际，就同时着手另一个雄心勃勃的项目，而且很少完成业已开始的项目。就他个人而言，他身患数种疾病，包括严重的面部神经炎症（如今称作三叉神经痛）、极端的情绪波动（如今可确诊为躁郁症）。当年治疗这些的药物为乙醚、鸦片、可卡因。如此用药，导致他的社会关系和身体状况一团糟。随着年龄的增长，他的症状和坏脾气越来越糟糕。皮尔士差点儿在哈佛大学和约翰·霍普金斯大学谋到教授职位，然而他的粗暴和好斗甚至伤害了鼎力支持他的人，致使大好良机全都泡了汤。《皮尔士传》（*Peirce*，1993 年出版）完整地记述了他的生老病死，传记作家约瑟夫·布兰特（Joseph Brent）也感到，千言万语都难以勾勒清楚他多变的性情，只好用精神病学逐条分析的方法加以记述：

> 就狂躁而言，他总是受到妄想和冲动的支配，患有严重的失眠症，躁动夸张，自视甚高，性欲亢奋，精力过剩；他还显示出非理性的理财冲动，包括强迫性地进行奢侈的、灾难性的投资。就抑郁而言，他总是表现出严重的忧郁和压抑状态，其特点包括自杀心态，情绪麻木，还伴随意识的慵懒，感情的无动于衷，以及令人无法容忍的感觉迟钝。[①]

[①] J. Brent, *Charles Sanders Peirce: A Life* (Bloomington: Indiana University Press, 1993).

皮尔士是个了不起的美国天才，他一生超级多产，眼光独到，总是在同一时期执行多重任务；他确实个性鲜明，但他确实也颇有见地，没准未来会出现有能力为他的各种行为拼凑出一个更为全面和正面的形象的传记作家。

皮尔士的背景

皮尔士的起步让人妒意横生，他出生在美国马萨诸塞州剑桥地区的一个精英家庭里。他人长得帅，口才好，结交的都是有实力的朋友，然而他糟践了所有这些优越条件。他一生当中总是与崇拜者以及帮助他的人吵架，总是做出同事们认为丢脸的举动，在每一个严肃的岗位，他都遭到了开除，最终落魄成了赤贫户。

皮尔士的父亲本杰明·皮尔士是哈佛大学的数学和天文学教授，还是美国海岸测量项目组的领导成员。为了培养儿子的科学理念，本杰明将皮尔士送进了私立学校，然后送进哈佛大学。1859年，皮尔士从哈佛毕业时，刚满十九岁。皮尔士就读的是劳伦斯科学学院，此为当年的哈佛大学工程和科学研究生院，建院时本杰明也助了一臂之力。1863年，皮尔士以最优异的成绩拿到了化学专业的硕士学位。随后不久，皮尔士遇到了梅卢西娜·费伊·皮尔士（Melusina Fay Peirce），与其成了婚。后来，梅卢西娜成了美国早期著名的女权主义活动家和作家，她广为人知的名字是"吉娜"（Zina）。她笃信宗教，并且坚信通奸是犯罪，惩罚理应是终身监禁或者死刑。如果吉娜的想法真的成了美国法律，她很早就会成为寡妇。因为，让吉娜气愤不已的是，尽管皮尔士是个工作狂，浑身是病，染有毒瘾，他却一直绯闻不断。

青年时期的皮尔士最痴迷逻辑学，直到临终，他一直将自己当作逻辑学家，也一直渴望为此工作一生。不过，皮尔士的父亲希望儿子在学业上继续深造，并为他安排了一长串科技实习活动，其中之一是加入美国海岸测量项目组。19 世纪 60 年代，该项目组依然是美国政府最顶尖的科技单位。皮尔士在项目组的第一个正式职务始于 1861 年，当时美国内战刚刚开始，父亲手下负责计算的助理死在战乱中，父亲需要个新助理，因而任命儿子接手这一职位。1867 年，项目组前负责人亚历山大·贝奇去世，父亲本杰明接过了领导职务。本杰明在剑桥地区坐镇指挥，任命儿子担当助手，然后又于 1872 年任命儿子担任职阶仅次于他的副手。同一时期，为推动家政合作以及商品零售项目，吉娜正在尝试将麻省的家庭主妇们组织起来，她还为《大西洋月刊》(*Atlantic Monthly*) 以及其他杂志撰稿，推广她的想法，并在剑桥地区创建了"家政合作协会"(1870 年)。可惜当时时机不成熟，愤怒的丈夫们形成了对立面，压力之下，吉娜的种种努力全都付诸东流。

由于哈佛天文台台长约瑟夫·温洛克（Joseph Winlock）和本杰明有私交，同一时期，父亲又为儿子安排了一份在哈佛天文台见习的工作。该天文台于 1867 年购入了第一台分光镜。当时光谱学刚刚兴起，这是将构成光线的波长或光谱线分开然后进行研究的学科。皮尔士协助温洛克对恒星的波长进行观测。作为温洛克的助手，皮尔士是第一批对氦的光谱进行观测的人之一。皮尔士两次远赴外地，对日食实施测量：第一次是 1869 年，前往肯塔基州；第二次是 1870 年前往意大利西西里岛，第二次获取的测量值对建立日冕理论起到了重要作用。皮尔士还参与了一项雄心勃勃的尝试，利用恒星的相对亮度判断银河系的形状以及恒星的分布情况。1872 年，在写给母亲的信里，皮尔士倾诉了超时工作的习惯以及缺觉的情况："在晴朗的夜晚，我用光度计（photo metre）进行观测；在多云的夜晚，我就写关于逻辑的书，长期以来，全世界对这本书一直翘首以盼。"①

一如皮尔士的众多项目，这本关于逻辑的书从未完稿。不过，他对光谱的观察却结出了硕果，成就了《光度之研究》（*Photometric Researches*，1878 年出版）一书，这是他有生之年唯一成书的作品。他曾经写信告诉父亲，这本书将成为这一领域的权威之作。如果这本书在他刚刚完成研究的 1875 年出版，他的说法或许会成真。然而，在哈佛工作期间，他与上司以及项目组的其他成员的争吵导致该书的出版延误到了 1878 年，弱化了该书的影响力。

1872 年，皮尔士成了"形而上学俱乐部"的奠基人之一，这是当初学术名流发议论的场所，其成员包括哲学家威廉·詹姆斯（William James），法学家小奥利弗·温德尔·霍姆斯（Oliver Wendell Holmes, Jr.）。② 接下来数年，作为一种哲学运动，这群人初创了一些实用主义的基本理念，按他们的解释，人们应当在观念和信仰的实际后果中寻求意义和真理。威廉·詹姆斯曾经这样说："行得通即是真理。"

对皮尔士而言，1872 年是个标志性年份。这一年，他在两个显赫的职位上任职，前程远大，还结交了许多有实力的朋友。他仍然自视为逻辑学家，不过，逻辑学的前景实在不妙；当时他已经认识到，他从事的科技工作丰富了他对逻辑的认识。其他的先抛开不说，

---

① Cited in Max H. Fisch, "Introduction" to Charles S. Peirce, *Writings of Charles S. Peirce, A Chronological Edition*, 8 vols, ed. C. Kloesel (Bloomington: Indiana University Press, 1986), vol. 3, 1872–1878, p. xxii.

② On this club, see L. Menand, *The Metaphysical Club* (New York: Farrar, Straus & Giroux, 2002).

他更好地理解了精度的重要性，以及获取精度要面临的重重困难。

尤其需要指出的是，促使皮尔士对米和光波长的关联进行测定的是他对精度从事过的两类研究，第一类是他在天文台工作期间从事的光度学研究，涉及分光镜、衍射光栅、波长计量方面的理论和实践；第二类是他在重量分析方面的经验，他即将前往美国海岸测量项目组从事这一工作，内容涉及钟摆及其校准方面的理论和实践。

自然界的长度标准

正如本书第六章介绍的，在工业革命的第二阶段，随着 1875 年"米制公约"后续活动的展开，计量学发展迅猛。本章开篇处引述的皮尔士的说法可谓一针见血，电气测量技术成了开路先锋。最具说服力的情况发生在英国，正是电报业的扩张推动了对电气标准和计量设备的需求，以便对这一产业进行定制和管理。[①] 不过，这仅仅是开始，电力的实际应用在不断增加，电气化进程在覆盖整片地区，这些都吸引人们对理论和实践两方面进行关注，也导致科学家和工程师召开了无数次国际会议，以商讨电学单位和计量标准。1832 年，在德国，数学家兼科学家卡尔·弗里德里希·高斯（Carl Friedrich Gauss，1777—1855）提出一项独具匠心的计划，将所有计量单位——甚至包括电气计量单位——整合为三种。打个比方，距离单位和时间单位可以整合为速度单位，例如每小时 60 英里；力学单位由如后三个计量单位整合：在特定的

---

① Iwan Rhys Morus, *When Physics Became King* (Chicago: University of Chicago Press, 2005), pp. 253–260.

时间内以特定的速度移动一块特定的物质。高斯指出，磁力和电力不需要各自的计量单位，可以利用前述三种力学单位计量对一定距离一定质量物体施加的力的大小。高斯将其称作"绝对单位制"，意即其权威性不需要源自其他磁性或电力的"相对"度量衡作为参考，如今人们可以将其称作基本计量单位。数年后，与物理学家威廉·韦伯（Wilhelm Weber，1804—1891）一起做项目时，高斯向人们解释，相对于传统磁性计量仪的相关计量单位，长度单位、时间单位、质量单位可以简化和统一，且与电子的以及非机械的现象关联。

19世纪60年代，詹姆斯·克拉克·麦克斯韦和开尔文勋爵沿着这一思路提出了这样的构想：一套基础计量单位或称基本计量单位配上附属的或称"衍生的"计量单位，形成一套有效的和一致的计量单位制——按照计量学家的理解，所谓"一致的"，指的是各种计量单位之间不需要转换因子。1874年，英国科学促进会沿着这一思路走得更远，推出一套"一致的"计量单位方案，称其为"厘-克-秒单位制"（由厘米、克、秒构成）。几年后，这一英国机构又推出一套用于计量电磁现象的计量单位制，将欧姆（电阻）、伏特（电压）、安培（电流）整合在一起，实践证明，它是非常一致的计量单位制。

通过更加广泛的国际合作制定计量单位和计量标准[①]，人们对力学计量标准的精确度的探索越来越深入，国际工业博览会也为此提供了强大的动力，探索普遍适用的长度标准同样有了新动力。

法国科学家弗朗索瓦·阿拉果（François Arago）的说法道出

---

① C. Evans, *Precision Engineering: An Evolutionary Perspective*, MSC Thesis, Cranfield Institute of Technology, 1987.

了人们的梦想："人类需要的是无数次地震和灭顶之灾毁灭我们的星球和毁掉保留在档案馆里的标准原器后依然能够复原的度量衡。"[1] 19 世纪 60 年代，鉴于麦克斯韦的电磁综合理论的成功，许多科学家相信，米最终能与某光谱线的波长绑定。麦克斯韦在其巨著《电磁学通论》（*A Treatise on Electricity and Magnetism*，1873 年出版）开篇即评价了英制计量和公制计量两种计量体系将长度计量单位的维度与自然计量单位相关联的失误。他指出，新的计量方法揭示，米实际上并非子午线弧的千万分之一，事实上只是保存在巴黎的某种标准长度而已。"这一标准米从未依据新发现的以及更为精准的地球尺寸进行校准，子午线弧反而是根据这一米原器来估算的。"麦克斯韦说道，"在现有科技条件下，人类能够获得的最普遍适用的长度标准应当是某种分布广泛的、有如钠原子一样的物质放射的某种光线在真空中的波长，它们在光谱仪上可以投射出非常清晰的线条。"

接着，麦克斯韦用典型的挖苦笔调表示，人们渴望找到一种在时间上永存的通用计量标准，这标准"不受任何地球维度变化的影响，还要让那些希望自己的文字比地球还要长寿的人也能接受"[2]。

皮尔士寻找自然标准的方法始于 1872 年。作为参加国际米制委员会会议的美国代表，美国海岸测量项目组华盛顿分组当时的组长朱利斯·希尔加德离开华盛顿去了巴黎。希尔加德外出期间，项目组总负责人本杰明任命儿子皮尔士担任华盛顿分组的常务组长，皮尔士的职责之一是领导度量衡管理局，该局归华盛顿分组领导。此种安排让皮尔士与各种不断壮大的国际计量机构建立了联系。

---

① François Arago, quoted in *Comptes rendus de l'Académie des sciences* 69 (1869), p. 426.

② J. C. Maxwell, *A Treatise on Electricity and Magnetism* (New York: Dover, 1954), pp. 2–3.

与此同时，本杰明仍在继续提升美国海岸测量项目组的政治地位。1871 年，他试图说服国会，授权他们沿北纬 39°线进行一次横跨大陆的大地测量，将沿东海岸和西海岸分开进行的测量活动联系在一起。其时，大地测量正在逐步取代海岸测量，成了项目组的主要工作，1878 年，该机构被重新命名为"美国海岸和大地测量局"。钟摆是用于测地学的主要重力分析仪，希尔加德返回美国后，本杰明安排皮尔士负责项目组的钟摆研究，这一研究工作包括利用精确长度标准校对钟摆。

　　国际大地测量协会曾经构建过重力测量机制，1872 年，该组织决定用"可倒摆"（reversible pendulum）作为指定测量仪。那是一种硬质的杆状摆，首先用摆的某一端摆动，然后掉头用另一端摆动。如果可倒摆两端摆动幅度相等，两个刀口间的间距就与长度理想的单摆摆幅相等。这一事实让可倒摆使用者得以忽略绝大多数干扰因素，如此一来，人们可以将其改造成一个价值连城的、高度敏感的科学仪器，使之能够测出所有干扰摆锤运动的因素。国际大地测量协会的可倒摆由德国天文学家弗里德里希·贝塞尔（Friedrich Bessel）设计，由位于德国汉堡的仪器制造商雷普索德父子公司（A. & G. Repsold and Sons）制造。皮尔士为自己定了一台雷普索德公司生产的可倒摆，然而交货时间被推迟了，因为该公司——由于极为专业，受人追捧，因而业务特别繁忙——要先满足天文学家抢购仪器的订单。1874 年，他们要测量地球上可观察到的横穿整个太阳的金星凌日现象。这样的凌日现象一个世纪仅有一两次，天文学家和仪器制造商将其他业务都放到一边，一心一意准备观测这一现象。1875 年，皮尔士的订单终于完成了，他亲自前往欧洲提货。旅行途中，皮尔士面见了好几位著名的科学家和学者，其中几位对他在数学和逻辑学方面的精湛造诣印象深刻；同时，他越来越不合群的性格以及越来越怪异的举止让身边的人都对他敬而远之。他见到了麦克斯韦，两人在当年尚属先进的卡文迪什实验室畅谈了一通钟摆理论。他还见到了小说家亨利·詹姆斯（Henry James），后者在写给兄弟威廉的信里如此评价皮尔士："他是那种没有修养的、不招人待见的人。"①

钟摆在他人眼里几乎没有新理论可以发掘，不过，皮尔士运用逻辑和数学知识分析了与摆架有关的系统错误，找到了一种全新的应用方法。他开发了一种成效显著的新理论，足以向人们解释各种各样的计量差异，他还设计了一种改良仪器。② 后来，美国海岸测量项目组按照皮尔士的设计制作了四台相同的仪器，其中一台如今仍然存放在美国史密森博物馆内。

皮尔士在欧洲期间，国际大地测量协会正在巴黎召开会议，他受邀向该协会的钟摆特别委员会汇报其新发现。这让他成了受邀参与国际科技协会制定大政方针会议的第一位美国科学家。③ 1876 年8 月，返回美国时，他带回一件黄铜制的米标准具，用于校对美国的标准。所有标准具都有编码，他带回国的是"49 号"。

回国后，皮尔士经历了一次严重的精神崩溃——他此生经历过七八次相同的状况，这是第一次。他的面部神经疼痛得极为剧烈，导致他的躁郁症愈加严重，行为和情绪越来越怪异。尽管如此，他还是把家搬到了纽约城，便于他在斯蒂文斯理工学院同时进行重量分析和光谱学两方面的研究，该学院位于邻近的新泽西州霍博肯

---

① 引自 Joseph Brent, *Peirce*, p. 103。

② V. Lenzen and R. Multhauf, "Development of Gravity Pendulums in the 19th Century," United States Museum Bulletin 240, Contributions From the Museum of History and Technology, Smithsonian Institution, Paper 44 (Washington, DC: 1965), pp. 301–348.

③ H. Fisch, "Introduction," p. xxv.

市。吉娜留在了剑桥地区。虽然两人的婚姻关系没有终结，却已名存实亡。直到那时，吉娜都无法容忍皮尔士的绯闻和偏执行为，两人也没有孩子。后来，皮尔士开始跟朱丽叶·珀塔莱（Juliette Pourtalai）交往，后者是个神秘的外国女性，至今人们对她依然知之甚少。（让人难以想象的是，她间或自称是个公主。）皮尔士维持着这段情缘，他与朱丽叶见面的次数却"远比必要的次数少得多"，仅在重要的公开场合才跟她一起现身。[1]

尽管如此，皮尔士依旧保持着多产，他做的重量分析结出了硕果，成就了一个长篇论文，标题为"在美国和欧洲原点观测站测量重力"（"Measurements of Gravity at Initial Stations in America and Europe"），该文是"经典测地学论文之一，也是美国对重力研究做的第一次重要贡献"。[2] 通过此事，皮尔士强烈地感到，科学的国际属性实在太重要了。他是这样表述的："重力测定的价值有赖于将所有测定结果汇总到一起，每个测定值都要与全球所有任选地点的测定值放在一起……测地学是这样一门科学，它的成功绝对有赖于国际的统一行动。"[3]

皮尔士在斯蒂文斯学院从事的光谱学研究开启了将米——或者说任一计量单位——与光波整合在一起计量的先河。以前曾经有人提到过这种设想——1827年雅克·巴比内提到过，19世纪70年代早期，詹姆斯·克拉克·麦克斯韦以及其他英国科学家也提到过。然而，在现实中实现这一想法，完全是另一码事。皮尔士是第一个这么做的人。

---

① Nathan Houser, "Introduction" to Peirce, *Writings of Charles S. Peirce*, vol. 4, 1879–1884, p. xxii.

② Nathan Houser, "Introduction," p. xxviii.

③ Charles S. Peirce, *Writings*, vol. 4, p. 81.

其实，整合原理非常简单，而且只涉及两种测量。第一种是测定一束光线穿过衍射光栅后的偏向角，第二种是确定光栅线的间距。物理学家们都知道，光栅线的间距、光线的波长、光线的角度偏差，这三者间的关系可以将米与光波连接在一起。

众所周知，人工计量标准容易受损，不太稳定，而且随着岁月的流逝其规格也会发生变化，皮尔士的动力正源于这样的认识。他的设想是："标准长度可以跟太阳光谱里每一条光线中可识别的光波进行对比。"[①] 皮尔士的设想并非没有缺陷，1879 年，他留下了这样的文字：这一设想"基于如下假设，光波长必须具备恒定值"。皮尔士和那个年代的所有科学家都认为，正如声波以空气为媒介传播，水波以水体为媒介传播，光波必然要依靠一种媒介传播，他们称其为"以太"。恰如声波和水波的速率和波长会受到它们穿越其间的空气和水体运动的影响，光线的速率和波长必定会受到地球在以太中运动的影响。1881 年和 1887 年，阿尔伯特·迈克尔逊和爱德华·莫莱（Edward Morley）曾经两次尝试利用一种人们称为"干涉仪"的装置探测这种运动的证据，干涉仪将一束光线分为两束，让两束光线经不同的镜面折射到不同的方向，然后重新组合为一束光线，该仪器可以从中检测出速率或波长的细微差异。他们没有检测出设想中的差异，这一意料之外的结果震动了科学界。不过，皮尔士早前的论述已经预见到这样的结果，他对以太可能造成的影响确实有过担心。他是这么说的："如果以太空间存在不同的密度，而太阳系在其间运行，光的波长就有可能出现变化。不过，人类并未发现光波出现这样的变化。"[②] 尽管如此，皮尔士的想法仍然大有

---

① Charles S. Peirce, *Writings*, vol. 4, p. 269.

② Ibid., p. 4.

希望，如果光在以太中的运动会导致光波出现上述变化，将长度标准和光线的波长结合在一起，必须包含一个校正因素，这就涉及以太"风"的风向和速率。

来到斯蒂文斯学院后，皮尔士对这一项目断断续续做了多年研究。一如往常，其间他好几次因病将其耽搁，还数次因承诺过多将其搁置。皮尔士的构思基于以下数值之间的关系：

$$n\lambda = d \sin \theta$$

其中符号 λ 为光谱线的波长，字母 d 为衍射光栅谱线的间距，符号 θ 为衍射角度，字母 n 为光栅极数。

衍射光栅是一种光学器件，由密集的、等间距平行刻线构成。照射到这种光栅上的光线会分开并发生衍射，不同的光线会分别射向不同的方向。此类器件最早的版本由托马斯·杰斐逊的朋友戴维·里顿豪斯制作。1785 年，他利用精心并列的毛发制作了一台仪器，每平方英寸排列 106 根毛发。不过，他本人当年并未意识到，这一设备的潜力会影响深远。四十年后，弗劳恩霍夫（Frauenhofer）开始探索这方面的潜力，他的光栅由金属丝和精心刻画在玻璃上的线条构成。光谱学让测定星光的特性成为可能，伴随它的发展，衍射光栅成了不可或缺的仪器，它成了光谱学和光学领域替代棱镜的精密仪器。麻省理工学院科学系主任和衍射光栅领域的先驱乔治·R. 哈里森（George R. Harrison）曾经撰文称："说到对当代物理学做出贡献的设备，没有什么能超越衍射光栅。"[1]

---

[1] "The production of diffraction gratings: I. Development of the ruling art," *Journal of the Optical Society of America* (1949), pp. 413–426.

像其他人一样，皮尔士也意识到，如果刻画出的光栅线足够精细，即可在衍射的光谱线的波长和衍射波长的光栅间距之间建立联系，使这样的波长变为长度标准。19 世纪 70 年代初期，英国天文学家曾经描述过这样的前景。[1] 能否成功，完全有赖于光栅的质量。

另一位科学家刘易斯·M. 拉瑟弗德（Lewis M. Rutherfurd，1816—1892）制造出了最好的光栅，那一时期，他也在斯蒂文斯学院兼职。拉瑟弗德是个富裕的自立门户的天文爱好者和仪器制造商，他在位于纽约城第二大道和第 11 街十字路口处的自家花园里建了个天文台。[2] 他造了个千分尺，以测量拍摄的太阳照片，皮尔士则利用这个尺子校准他使用的钟摆的厘米刻度。1859 年，罗伯特·本生（Robert Bunsen）和古斯塔夫·基尔霍夫（Gustav Kirchoff）发表了举世震惊的声明：光谱是化学元素的指纹。拉瑟弗德由此对光谱学产生了兴趣。生产制造衍射光栅之前，拉瑟弗德一直在制造棱镜。在电动机问世之前的 1867 年，面对刻画光栅的难题，拉瑟弗德制造了一台具有独创性的机器，用其在玻璃或铜锡合金制作的毛坯上刻画光栅。这台机器由涡轮带动，而涡轮则由城市供水管道里的自来水驱动。机器装有一根金刚石唱针，采用一根千分丝杠推动毛坯。

拉瑟弗德像艺术家创作画作那样小心翼翼地制作每一片光栅。好几片光栅至今仍保留在美国史密森博物馆内。每片光栅的宽度大

① Brück and Brück, *The Peripatetic Astronomer*, p. 175.

② D. Warner, "Lewis M. Rutherfurd: Pioneer Astronomical Photographer and Spectroscopist," *Technology and Culture* 12 (1971), pp. 190–216. See also the "Biographical Memoir" of Rutherford, B. A. Gould, National Academy of Sciences, books.nap.edu/html/biomems/rutherfurd.pdf.

图 14 由刘易斯·莫·拉瑟弗德于 19 世纪 60 年代制造。该机器由纽约市供水系统带动水力涡轮驱动，机器的转轮和齿轮不停地移动光栅基座（e），光栅基座位于刻线的金刚石唱针尖（m）下边，每完成一条刻线，千分丝杠（d）会按照设定的间距精准地横向移动光栅基质

约为 4 厘米，通常会有签名，并标有日期，还标示了每英寸的刻线数量信息，而且还装在保存照相银版的雕漆盒里。由于拉瑟弗德以成本价出售光栅，他在光谱学家群里成了知名人物。

皮尔士曾经利用千分尺校准钟摆的厘米刻度，对拉瑟弗德的产品的质量，他更是赞不绝口。皮尔士前往拉瑟弗德那里索要一片光栅时，后者机器上的轮盘已经有了 360 个轮齿，已经有能力在每厘米宽度内刻出 6808 条刻线。拉瑟弗德给了皮尔士一片光栅。皮尔士一向心细如发，他看出拉瑟弗德制作的光栅有瑕疵：金刚石唱针在每一条刻线的一侧留下了毛边，他找到了一种去除毛边的方法，从而提高了利用光栅达到的精度。皮尔士留下了这样的文字：拉瑟弗德的产品终于让人们可以实实在在地考虑测量"一段波长长度的百万分之一"。皮尔士认为，拉瑟弗德的贡献非同小可，他甚至在未能出版的一份手稿里将后者列为共同作者。

不过，1877 年，拉瑟弗德病倒了，被迫削减了工作量。与此同时，皮尔士与斯蒂文斯学院的同事们以及美国海岸测量项目组的领导们龃龉不断，进而他还要挟退出参与的项目。不过，卡莱尔·帕特森好不容易将他挽留下来。三年前，卡莱尔·帕特森接替皮尔士的父亲，成了美国海岸测量项目组总负责人。1877 年 9 月，皮尔士离开美国前往欧洲待两个月，出席国际大地测量协会第十五届年会的各种会议。他的大会发言成了美国科学界代表第一次在国际科技大会上的正式发言。

往返途中，由于乘船期间没有任何杂念，皮尔士静下心写了篇论述科学方法的文章，标题为"怎样向他人说清自己的想法"（"How to Make our Ideas Clear"），还把他从前用法文写成的"信念的定位"这篇文章（"The Fixation of Belief"）译成了英文。这两篇文章，加上他后来撰写并以"详解科学逻辑"（"Illustrations of the Logic of Science"）为题出版的另外四篇文章，构成了几篇反映他重要思想的论文。皮尔士清楚地表达了实用主义哲学早期阶段的几项重要原则，其中也包括科学逻辑学。这些论文为后人揭示了皮尔士所从事的科学工作的影响，尤其是他在计量领域的种种经历，让他具备了识别科学本真的能力，让他早早避开了那些披着形式主义外观的科学。实际上，熟悉皮尔士所从事的科学工作的读者没准会把这些论文称作计量学家的冥想。

计量制为人们提供了一个平台，让人们得以从事一些常规活动和科学活动。平时，人们无视它的存在，唯有它崩溃时，或在紧要关头表现得无能为力时，人们才想起它。皮尔士常说，在日常生活中，人类沿袭的是能够带来舒适和安全的多种习惯。任何一种计量制绝无可能完美，也无可能预知人类需要它做的一切，因而人类的信念也绝无可能与世界完完全全无缝对接；如此一来，便激起了焦虑和不满，或者按皮尔士的说法，"激发了怀疑"。随后，皮尔士提出四种抚平焦虑的方法：顽固不化（顽固地拒绝引发焦虑的现实）、权威机构（利用类似国家的机构强推一种解决方案）、演绎方法（寻找某种纯粹的起点，最终则转化成一种固定形态）、科学方法（放弃自我，与世界融合，探索大自然，找出一种解决方案）。

皮尔士接着说，在主导科学探索时，科学家们往往会沿用有缺陷的工具，沿袭前人的假设和经历；即便这些不完美也无关紧要，因为科学探索本身就是伴随犯错的过程，在不断修正中，会有一群探索者出来纠正错误。增进知识的方法并非片段式的，并非一套说法代替另一套说法，而是一种持续的增长过程；在此过程中，任何一种观念的含义既不是一种抽象，也不是一个图像，而是该观念的各个层面作用于现实世界的集合体。

皮尔士的各种论文显露的实用主义与他朋友威廉·詹姆斯的不一样。解决科学问题时，皮尔士不像那些孤独的学者，孑然一身面对疑惑，而詹姆斯却是这样。皮尔士总是联合一帮有能力的人，这些人都在真正的上市公司旗下的实验室体制内工作。皮尔士也非常看重他所谓的"做研究的经济"，科学在决定该做什么的时候，很重要的一步是最大化利用各种资源，即"金钱、时间、思想、精力"。当年皮尔士已经意识到，永远也不会有绝对的精确。"处理计量类问题时，物理学家几乎都会认为，不可能找到绝对的真理，因而他们往往不问某一命题是真是假，反而会问，其中的谬误成分占比有多大。"[1]

1877 年下半年，返回斯蒂文斯学院后，皮尔士继续做绑定米

---

[1] Charles S. Peirce, *Writings*, vol. 4, p. 241.

和光波的工作。他测定了光栅缝隙投下的影像的"角位移"数据，然后利用他称为"比较仪"的自制设备，配以利用编号49的标准米校准过的玻璃分米计量单位，再次比较了光栅刻线的间距。实际上，他这么做是在利用光波单位校准光栅间距。

同一时期，皮尔士意识到，"鬼影"的出现成了达到更高分辨率的绊脚石。"鬼影"是出现在主光谱线两侧的模糊线条。这些线条显然是不真实的，是人造设备导致的，并非一种自然现象，因为它们仅仅出现在经由光栅形成的光谱里，棱镜从不会导致这种现象。产生"鬼影"的原因是刻画光栅的千分丝杠内部有细微的瑕疵。恰如皮尔士对待钟摆瑕疵的方法一样，他把这类瑕疵都当作机会：他测定了这些瑕疵，随后开发出一种理论用以校正。

完成上述校准后，皮尔士试着测定由金属钠形成的一条光谱线。皮尔士选择此种光谱线，是因为它容易形成，而且边缘相对清晰。皮尔士的想法包括自举一种标准：如果光谱线的波长能足够精确地测量，即可开启利用光波重新定义米的大门。

然而，皮尔士再次陷入了多个层面的错误，其中有玻璃光栅的热膨胀系数错误，以及温度计的质量不达标导致的问题。皮尔士发表了一篇简洁的进度报告，刊登在1879年7月期的《美国科学杂志》上，标题为"用长度米比较光波的实验进度手记"（"Note on the Progress of Experiments for Comparing a Wave-length with a Metre"）。"一旦做到减少错误，进行各种校准，人们将可以对比米与波长。"这一简单的和谦逊的"手记"成了皮尔士从事的颠覆性工作的最为重要的正式消息源。

与此同时，有人提议在约翰·霍普金斯大学为皮尔士安排个物理学领域的职位。他在那所学校树敌颇多，因而没有得到那个职位。不过，他受邀前去开设逻辑学讲座。皮尔士带的学生们——

其中有约翰·杜威（John Dewey），他很快也成了实用主义哲学家——都认为他很难让人理解。不过，他们也发现，皮尔士的聪慧非一般人可比：比方说，他右手在黑板上写下数学算式的同时，左手可以顺带写出答案！不过，皮尔士仍一如既往地招人烦，例如，就数学领域一项新发现的署名排序问题，他挑头将一位来访的数学教授骂了个狗血喷头。

皮尔士依然故我，继续着测量波长的研究。1881 年，他还为《自然》杂志写了篇简报，标题为"拉瑟弗德先生刻线的宽度"（"Width of Mr. Rutherfurd's Rulings"），还向度量衡管理局总负责人提交了一份进度报告，另外还写了个总结，标题为"米与光波长的比较"（"Comparison of the Metre with a Wave-Length of Light"）。像皮尔士的大多数文字作品一样，这篇总结也一直未能出版。

皮尔士的私生活永远是一团乱麻，至此已经开始分崩离析。此前，每当他陷入个人危机或财务危机，父亲本杰明或其他支持者总会救他于危难之中。可惜两位最坚定的支持者已经先后作古：父亲本杰明于 1880 年去世，美国海岸测量项目组的总负责人卡莱尔·帕特森也于第二年去世。多年来，本杰明一直在尝试推荐皮尔士成为项目组的总负责人，不过，儿子毫无规律的习惯以及难以与人相处的个性将他的计划毁于一旦。因而，无能的、身体状况江河日下的朱利斯·希尔加德成了帕特森的继任者，他对科研其实毫无兴趣，对皮尔士那样的工作狂更无好感。

终于，皮尔士于 1883 年与吉娜正式离婚，又于几天后迎娶了朱丽叶·珀塔莱。虽然皮尔士和吉娜已分居七年，同事们依然认为，他们仓促离婚其实有不可告人的内幕。皮尔士曾经与厨师打架，后者起诉他用砖头砸人。皮尔士 1883 年在写给霍普金斯大学校长丹尼尔·吉尔曼（Daniel Gilman）的信中说道："最近我伤害了方方面面的人！"①不幸的是，皮尔士伤害的人中也包括霍普金斯大学的理事们，他们于 1884 年辞退了他。

数年来，皮尔士一直带着霍普金斯大学的学生们参与校外工作，他也一直保留着美国海岸测量项目组助理的职务。从 1884 年 10 月到 1885 年 2 月，他一直担任着美国度量衡协会负责人的职务。希尔加德本人的健康和品行都变得越来越糟糕，有人控告他酗酒以及品行不端。皮尔士也陷入了随之而来的流言蜚语——只是这一次还真不关他的事，与该机构其他人一起接受国会调查组的审查。他被迫与希尔加德一起辞去了职务。一夜之间，他没有了正当职务。

迈克尔逊和莫莱

皮尔士利用光波长作为自然长度标准的尝试启发了其他人。亨利·罗兰（Henry Rowland，1848—1901）在霍普金斯大学工作，他是皮尔士以前的对手，与其竞争过物理系主任的职位。此时，他也开始制作光栅，他的光栅比拉瑟弗德制作的光栅质量更高。从 19 世纪 80 年代到第二次世界大战期间，罗兰的工作帮助该大学成立了光学研究中心②，他的学生路易斯·贝尔（Louis Bell）让罗兰的光栅精度达到了二十万分之一。③

在俄亥俄州克利夫兰市凯斯应用科学院，有人开展了另一项试验。在那里工作的阿尔伯特·迈克尔逊曾经读到过皮尔士发表的文章，他意识到，当时他和爱德华·莫莱一起开发的、正用于

① Daniel Coit Gilman papers, Johns Hopkins University Special Collections, "Peirce" folder, 1883.

② G. Sweetnam, *The Command of Light: Rowland's School of Physics and the Spectrum* (Philadelphia: American Philosophical Society, 2000).

③ L. Bell, "On the Absolute Wave-lengths of Light," *American Journal of Science* 33 (1887), p. 167.

探测以太漂移的干涉仪可以用来精确测定皮尔士正尝试测定的波长。

1887 年 6 月,对光速的实验取得初步成果后,迈克尔逊和莫莱主导了波长的初步测定。他们的论文"一种让钠光光波真正成为实用长度标准的方法"("On a Method of Making the Wave-length of Sodium Light the Actual and Practical Standard of Length")是这样开篇的:"第一次真正将金属钠光波长作为长度标准的尝试是皮尔士做的。"[①]然而,两人当时也指出,皮尔士的测定"那时还没有公布"(后来也没有公布),其中有许多系统性错误。

"迈克尔逊和莫莱干涉仪"将一束光线一分为二,让两束光线沿不同的路径抵达某个镜面,经镜面反射,重新合为一束光线,然后形成抵消上述错误的干涉图形。两束光线合二为一,形成一种干涉图形,即深色和浅色光带形成的一组条纹,每个条纹即是一个波长。通过微调各个镜面(微调反射长度)可以让条纹(即波长)产生位移。如此一来即可在光波长、光条纹、条纹间距、微调镜面之间建立直接联系。为精确控制镜面的移动距离,迈克尔逊和莫莱在一面镜子上安装了千分尺,以便计算干涉条纹,即浅色和深色的变化,每个条纹即是一段波长。当初,皮尔士只能用尺子测量条纹,而他们两人用的是千分尺,这可以极大地减少测量误差。真实情况是,他们用各段光波长当尺子,即浅色和深色的变化当尺子。他们的所作所为极为清晰地揭示出,皮尔士的方法受到诸多根本性的限制,同时也阐释了他的方法所具有的革命性突破的潜质。

1887 年,皮尔士当时已经年近半百,他和朱丽叶·珀塔莱把家

---

① A. Michelson and E. Morley, *American Journal of Science* 34 (1887), pp. 427–430.

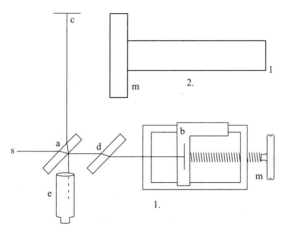

图 15 　阿尔伯特·迈克尔逊和爱德华·莫莱用于测量光波长的干涉仪。
从钠灯（ s ）发出的光束射向玻璃平面（ a ），经其分束后，一部分光束
射向 c 点的镜面，另一部分光束射向 b 点的镜面，两束光反射回平面
（ a ），进行重新组合，然后折射向 e 点的望远镜。假设 ac 和 ab 之间的
距离完全相等，由于两束光之间互相干涉，位于 e 点的观察者即可看到
黑色，利用千分丝杠（ m ）移动 b 点的镜面，即可产生一排浅色和黑色
相间的间隔，间隔的数量正好是镜面移动距离产生的光波的 2 倍。迈克
尔逊和莫莱的结论是："测定值绝对包括一个长度衡和计算值。"（摘自
《美国科学杂志》1887 年第 34 期，第 428 页）

搬到了宾夕法尼亚州米尔福德市，两人在那里置了一份产业，借古
希腊小城"阿里斯比"（Arisbe）之名为其命名。这里不是皮尔士
的隐退之地，而是他头脑发热的产物。当时他已经债台高筑，他搬
到那一地区的原因是，那里是富人区，许多名人在那里置有家业。
按皮尔士的设想，他可以成为邻里间的某种领袖，他期盼"阿里斯
比"成为"崇尚时髦的、具有'文化'品位的人的娱乐场，用来消
夏，休闲度假，稍稍品味一下哲学话题"[1]。这一项目具有典型的

①　Joseph Brent, *Peirce*, p. 191.

皮尔士烙印，可惜完全没有达到预期的目的。

皮尔士偶尔会考虑走回头路，继续测量波长，时不时也会涉猎度量衡，但他已经放弃了绝大多数的科学工作。位于巴黎郊外的国际计量局[①]主办的年度计量大会已经变得很规范，不过，皮尔士已经不再出席任何会议。他已经从一个逻辑学家和基于实验室想法的哲学家蜕变为原创思想家，他所做的不过是将有关科学的真知灼见整合为探索科学的综合理论。这一理论包括从无序和偶然中准确找出各种规律，通过从事度量衡和热力研究，他对这一理论十分熟悉。在所有场合，大自然都是随机的，即便在最超前的科学探索中达到一定水平的科学家们，他们所处的地位到头来不外乎本章开篇所说：也就是为窗户配窗帘的人做的事。

作为哲学家，皮尔士已经思想成熟，但他从未掌握与他人和谐相处的艺术。他依旧多产，但越来越古怪，与朋友们以及生活中的各种机遇越来越疏远。1897 年，在写给威廉·詹姆斯的信里，他说道："一个崭新的世界在我面前展开了，一个充满痛苦的世界。这是个我所不知道的世界，据我所知，也是为其歌功颂德的人其实也知之不多的世界。"[②] 1891 年，皮尔士被迫从美国海岸和大地测量

---

① 爱德华·诺尔是业余计量学改革者和公制计量体系的反对者。为诺尔的某本书写书评时，皮尔士曾经对计量的某些社会层面进行探讨。皮尔士对诺尔的那些反公制计量的想法没有兴趣，不过，他的一些务实本能让他对社会接受公制计量过于迅猛产生了疑虑。考虑到美国大地测量中使用的统一标准为英亩和罗特，以及所有机械设备都含有易坏的和易磨损的零件，"必须用完全相同的、误差几乎达到千分之一英寸的另一个备件进行替换，"这里引用的是皮尔士的原话，"这一装置的每个零部件，每个辊子和轮盘，每个轴承，每个螺纹，计量它们用的都是英寸的某一倍数或除数的得数。由此不难看出，也许真会如此，或许真会如此，……一到两个世纪内，英寸一直会伴随人类。"（摘自《评爱德华·诺尔的〈计量科学〉》，原文刊于 1890 年 2 月 27 日出版的《国家》杂志。）

② Joseph Brent, *Peirce*, pp. 259–260.

局辞职。他当时穷困潦倒的状态连威廉·詹姆斯都看不下去了，后者以他的名义向朋友们发出了呼吁。1897 年，威廉·詹姆斯在写给《科学》杂志出版人詹姆斯·卡特尔（James Cattell）的信里说道："很高兴代皮尔士收下 10 美元，他几乎没朋友了。"[①]

1899 年，皮尔士曾经尝试成为计量标准巡视员，然而他没有成功。1901 年，美国国家标准局创立之际，他只能远远地躲在一边观看，而他曾经为设立这一机构大声疾呼。威廉·詹姆斯设立的基金支撑皮尔士度过了余生，他于 1914 年死在阿里斯比农庄。

从 1851 年的世博会到 1875 年的"米制公约"，测地学、工程学、工业化考量成了统一和改良度量衡体系的主要驱动力，如今又出现了来自科学的新的压力。电气工程师兼工业家维尔纳·冯·西门子（Werner von Siemens）在 1876 年的文章中说道："几乎所有最伟大的科学发现必定是精密测量的回报，也是对数量庞大的结果进行仔细筛选、投入耐心以及持续不断的劳动的回报。"[②] 科学和工业的未来会越来越倚重高精度测量。

从前拒绝公制计量的一些国家开始重新考虑是否接受它。英国于 1884 年签署了公约，并于 1896 年就是否接受十进制提案展开了辩论。这次选择的时机似乎挺合适：当时英国和使用十进制的许多国家有贸易往来——除了英国和俄国，其他欧洲国家都实行了十进制，而且还面临着来自德国的激烈竞争。1897 年，十进制虽然在法律上合法了，却不会强制执行，可以说英国的这次尝试仍然未获成功。

---

① W. James to J. Cattell, December 13, 1897, in *The Correspondence of William James*, vol. 8, ed. I. Skrupskelis and E. Berkeley (Charlottesville: University Press of Virginia, 2000).

② 引自 S. Schaffer, "Metrology, Metrication, and Values," *Victorian Science in Context*, ed. B. Lightman (Chicago: University of Chicago Press, 1997), p. 438。

对国内和国际商业来说，强有力的度量衡体系已经变得非常重要，好些国家甚至为此建立了实验室。第一个此类实验室是德国柏林的联邦技术物理研究所，建立该实验室的主要动力来自西门子，第一任主任是赫尔曼·赫尔姆霍茨（Hermann Helmholtz）。紧接着是 1900 年在伦敦郊外建立的英国国家物理实验室，随后是 1901 年在华盛顿特区建立的美国国家标准局。

1883 年，在英国土木工程师协会发表演说时，开尔文勋爵阐述道："在自然科学领域，真正转向学习某一学科之际，一个最重要的步骤是学会一些数值计算原理，学会计量某些与之相关的特性的实用方法。我经常对人们讲，说话的人如果能道出自己所说的东西的长宽高，能用数字说话，说明你真的懂一些了；如果连长宽高都说不清，如果不能用数字说话，说明你的知识很浅薄，无法服人；无论你涉猎的是哪一门哪一类，也许这只是你学知识的入门阶段，你的思想境界远未达到科学状态。"[1]

阿尔伯特·迈克尔逊后来说："人类未来的发现必须在小数点第六位以后寻找（意即在微观世界或精微之处寻找。——译者注）。"19 世纪晚期，一些科学家也说过类似的话，但迈克尔逊的说法是人们引用最多的。[2] 有些人认为，科学领域出现重大突破的时代已经成为过去，人类对大自然的解析已经接近完成，科学工作只剩下摆弄数字了。然而，实际情况远比这复杂得多。许多研究人员意识到，人类对精准的追求日益高涨，追求精准让人其乐无穷，一如维多利亚时代的人们追求真善美；人们还认为，追求精准也许

---

① William Thomson (Lord Kelvin), *Popular Lectures and Addresses* (London: Macmillan, 1889), pp. 73–74.

② A. Michelson, *Light Waves and Their Uses* (Chicago: University of Chicago Press, 1902).

会引领人类发现此前没有办法触碰的真理。[①]

早在三百多年前，牛顿已经意识到了这些。世界是开放的，许多方向是无限的，例如，空间无限大又无限小。对众多科学家来说，测量从来不存在终极解决方案，它永远都是无尽的任务；每一项测量永远都可以改进，新发现任何时候都可能小规模地出现，或大规模地出现。同样也可以说，标准并非一成不变的，更不是什么定义，而是对某种无限的东西的解释，也是必然会得到改进的和随机的"待定物"，亦是等候更好的真身现身的"替身"。从前，人们追求更加精准的称重和丈量标准，其动力来自商业和制造业，如今却来自永无止境的自我完善的需要。19 世纪下半叶，对精准的探索既来自现实的紧迫性，又涉及国家利益、军事应用、理论意义、道德价值。

皮尔士从事的科研工作后经迈克尔逊进一步完善，这再次点燃了人们追求自然标准的梦想。1887 年，迈克尔逊和莫莱发表了他们的科研成果，尔后，美国哲学学会会长威廉·哈克尼斯（William Harkness）用下述说法表达了人们的梦想：设想一下，在遥远的未来，太阳爆发了，将地球烧成了焦炭，一个人类星际旅行者去了一个遥远的行星，远远超出光学望远镜能够企及的范畴。那里的人要求他重建长度、时间、质量这几个标准。借助 17 世纪和 18 世纪的科学手段恢复地球上的标准是没有任何可能的，因为基于当时的科学建立的一切到那时将消失得无影无踪。哈克尼斯说道："测定白天和黑夜交替的地球自转将不复存在。人类使用的码、米、磅、千

---

① Simon Schaffer, "Late Victorian Metrology and its Instrumentation: a Manufactory of Ohms," in *Invisible Connections: Instruments, Institutions, and Science*, ed. R. Bud and Susan E. Cozens (Bellingham, WA: International Society for Optical Engineering, 1992), pp. 23–56.

克等会伴随地球同时消失在太阳的残余里，成为太阳系残存的一部分。重新恢复生机，重新活过来，这可能吗？"直到数年前，调动所有科学手段，都不可能做到这一点，而近期的科技进步则重新点燃了人们的梦想。因为，任何地方的原子都是统一的，原子放射的光亦如是。所以，哈克尼斯说，人类星际旅行者借助分光镜即可做到这一点：

> 借助一片衍射光栅和一个精准的测角仪（一种测量角度的仪器），旅行者即可从金属钠光波长里恢复"码"，误差不会超过1/1000—2/1000英寸。水无处不在，利用刚刚恢复的码，旅行者即可测出1立方英尺的水体，然后恢复人类称为"磅"的质量标准；恢复人类的时间标准更为困难一些，但也能够完成，一天之内的误差不会超过半分钟。……如此一来，目前用来办理世界事务的所有计量单位全都可以重新出现在……深邃的时间和太空的另外一端。面对这一情况，人类往往畏缩不前。18世纪的科学将标准计量单位构建在固态的地球上，不过19世纪的科学展翅高飞到了遥远的太阳系外，还把计量单位与构成宇宙本身的最基本的原子维系在了一起。[1]

皮尔士开辟了一条通向自然长度标准的道路，那么，自然重量标准又将如何？这么说吧，詹姆斯·克拉克·麦克斯韦已经有了主意，他在一篇论文里表示，所有分子都是相同的。他这么说有神学作为支撑，比方说：上帝创造分子时，把它们全都打造成了一个样，

---

[1] William Harkness, "The Progress of Science as Exemplified in the Art of Weighing and Measuring," *Nature*, August 15, 1889, pp. 376–383, at p. 382.

这意味着如果能做到足够精确地测量它们，即可将它们作为标准。[1]
的确如此，后来，他在一封信里解释道："假如有朝一日人类有能力测定氢分子的重量，人类在那一刻将拥有比行星或其他天体更恒久的标准。不过，一切还需等待，等待如今尚属一厢情愿的推测转变成扎扎实实、站得住脚的物理常数。届时，那些期盼数字统计的可靠性比他们生活在其上的行星更耐久的人们才有可能应用这一分子标准。"[2] 只要有人能捕捉到足够多的原子，即可同时得到标准。原子们可以提供两种自然标准——任一特定原子的质量必定具有作为质量标准的潜质，而特定原子里的一些电子在两个不同能级之间跃迁时放射的光的波长可作为长度标准。

1900 年，由于皮尔士和迈克尔逊的努力，后一个自然标准已经在行进途中，而前一个自然标准仍然"路漫漫其修远兮"。

[1] See Simon Schaffer, "Metrology."

[2] James Clerk Maxwell, *The Scientific Letters and Papers of James Clerk Maxwell*, ed. P. M. Harman (Cambridge: Cambridge University Press, 2002), pp. 898–899.

第十章

普遍适用的体系：国际单位制

如此说来，光——既非地球子午线，亦非秒摆——必将成为第一个自然计量标准。柏拉图曾经将光及其射线比作至善至美之物，因为它养育并滋润了世间万物。中世纪的学者们将其当作天庭的放射，或神的显现，即生命本源的自我发光。按照《圣经》的说法（上帝说"要有光"），光是存在于世间的第一个东西；按照科学家们的说法，光必将是延续到最后的东西，他们说，所有物质和反物质自我消亡后，光依然会存在。

在科学革命时期，人们逐渐认识到，光和其他普遍存在的、恒久不变的、遵从机械原理的现象一样，也是一种现象。这促使雅克·巴比内和其他科学家于19世纪初提出，光或许可以成为一种自然计量标准。19世纪中叶，詹姆斯·克拉克·麦克斯韦用数学规律解析了光的特性。时间移至19世纪末，皮尔士做的工作揭示了通过什么样的实验能够将光与计量单位结合在一起。1960年，实验结果导致"米"有了崭新的定义。

阿尔伯特·迈克尔逊和爱德华·莫莱的研究进展起到了进一步的推动作用，国际计量大会1889年召开第一次正式会议后不久，有关消息便传到了其下级机构——国际计量局。当时本杰明·古尔德是出席国际计量大会的美国代表，他前往克拉克大学参观了迈克尔逊的实验室，并与迈克尔逊商议前往国际计量局继续从事研究工作的可行性。随后，古尔德又联系了国际计量局局长勒内·贝诺伊特（René Benoit），后者向迈克尔逊正式发出邀请。迈克尔逊于1892年来到国际计量局。

光谱线和米尺

国际计量大会第一届会议正式接受了新的人造计量标准，即国际米原器和国际千克原器，这两个标准具是前几年刚刚制作的，它们接替了存放在法国国家档案馆的米原器和千克原器。（1799年以来，档案馆的两个原器一直是正式的计量标准。）国际计量大会的另一个行动是，向所有签署"米制公约"的国家分发计量标准原器。第一届国际计量大会还开启了寻找更好的计量标准的研究。

领导上述研究的人是瑞士科学家查尔斯·埃杜德·纪尧姆（Charles Édouard Guillaume，1861—1938），他于1883年来到国际计量局当助理，从事温度计校准工作。1891年，他开始接手开发更好的合金，用于制作计量标准具。1896年，一次观察机会——当时有人送到实验室一根非同寻常的钢条，以观察特定的膨胀系数，促使他为寻找用于计量标准具的合金启动了一套系统调查，并促使他发明了镍铁合金（nickel-iron alloy），他将其称作殷钢。这种金属膨胀系数低，使其成为制作计量标准具和重型工程设备的优质刚硬材料。

纪尧姆曾经数次向人们展示殷钢的特性。1912年，他向人们展示了埃菲尔铁塔由于热膨胀产生的轻微纵向移动。他把殷钢制成的金属丝的一端连接到地面的一个支点上，另一端连接到置于铁塔第二层平台的杠杆上，杠杆连着一个记录仪。这台敏感的仪器不仅探测到了微风引发的效果，还探测到仅仅几度气温变化带给铁塔的微小的伸缩率。纪尧姆后来说："尽管埃菲尔铁塔体量庞大，如此一来，它仍然显得像个高度敏感的巨大的温度计。"[①] 1915—1936 年，纪尧姆一直担任国际计量局局长，他还于 1920 年获得了诺贝尔奖，"以表彰他发现镍钢合金的异常特性，及其对精密测量做出的贡献"。

同一时期，1892 年夏，阿尔伯特·迈克尔逊抵达法国塞夫勒(Sèvres)，他的干涉仪在运输途中损毁了，因此，他的第一项任务是重新制作一台干涉仪。开始测量时，迈克尔逊发现，钠的光谱线为两条光谱线的复合线，它们在他敏感的干涉仪上形成了许多模糊的条纹，导致测量等级无法达到预期精度。随后，迈克尔逊又开始寻找更为清晰的光谱线。他尝试了汞的绿色光谱线，这种光谱线也形成了许多模糊的条纹。他最终选定的是镉的红色光谱线。接下来的一年，他测定了镉的红色光谱线——比皮尔士测定的钠的黄色光谱线清晰许多——直至精度达到米的千万分之一，他发现，镉的红色光谱线每米可以达到 1553164 条。

这一测定结果给国际计量局的科学家们留下了深刻印象。对迈克尔逊的成果，以及这一成果展现的前景，国际计量大会 1895 年第二届会议的与会者都感到振奋，他们认为国际计量局应当考虑利用光的波长作为米原器的"自然表示法"。国际计量大会各分会的与会者反复提及的愿景是，将米和某种自然标准绑定。20 世纪最初

---

① Charles-É. Guillaume, Nobel Lecture, 1920, http://nobelprize.org/nobel_ prizes/physics/laureates/1920/guillaume-lecture.pdf (accessed December 8, 2010).

数十年，国际计量局的主要工作包括校准各国的计量标准，与此同时，数量不断增加的研究工作都投向了仪器开发，以解决 mise en pratique 之需——这组法语的意思为"投入使用"，或者说，获得足够可靠的技术手段——这样一来，人们就需要借助光为米下定义。两位法国科学家夏尔·法布里（Charles Fabry）和阿尔弗雷德·佩罗（Alfred Pérot）对迈克尔逊的干涉仪做了多项改进，并于 1906 年重新测定了镉的光谱线，他们获得的精度几乎达到了现有人造计量标准能够达到的最高值。

镉的光谱线边缘特别清晰，它生成的光谱也靠得住。多年来，国际计量局和其他地方的科学家们一直将主攻方向集中在镉上。选择终极自然长度计量标准时，镉成了最有可能的候选对象。虽然官方长度标准仍然是存放在室内的米原器，镉光谱线已经为长度标准所看中。不过，是否还有其他东西可以生成更好的光谱线呢？

1921 年，进一步改进法布里 - 佩罗的干涉仪后，国际计量局的科学家艾尔伯特·佩拉尔（Albert Pérard）对各种光谱线做了系统性对比和评估。他的评估对象包括镉、汞、氦、氖、氪、锌、铊，结果令人震惊。当初科学家们以为大多数光谱线的边缘同样清晰（钠的双光谱线除外），它们成形于元素的诸多电子在元素的核的特定能级向其他能级跃迁时放射的光，而放射的光的波长完全基于不同能级之间的区别。（光谱学家群体流传这样一句话："我可不是爱逗乐的家伙，因为我只知道几条上好的光谱线。"）假如情况果真如此，摈弃其他光谱线而选择某一光谱线，唯一的理由是，它容易生成、容易探测。

佩拉尔和其他科学家发现，情况并非如此。自然存在的元素各自都有一串同位素，它们都有数量相同的质子，然而中子数量却不同；同一元素的不同同位素，由于原子结构的差异，加上能量的细微差异，会导致其光谱线变得模糊。其他因素，例如原子核的磁特性——人们将其称为超精细结构——人们已经预见到，在原子序数为偶数的原子核里，超精细结构受到的影响微乎其微；虽然如此，一些状态的能级还是会受影响，使光谱线变得模糊。借助多普勒效应，科学家们进一步发现了光谱线变模糊的根源：原子们永远处于运动状态，永远摇摆——原子们生成的光接近或离开捕捉光线的仪器时，它们的光波看起来先是越来越短，然后是越来越长。元素越轻，越处于动态，多普勒效应越明显，越有可能导致光谱线的扩张。实践证明，光比人们预想的更加复杂。

以上发现促使计量学家寻找一种重元素，其特点是同位素不多或者稀少，原子序数为偶数。20世纪20—30年代，为了给米重新下定义，计量学家穷尽各种方法检测了好几种不同的光谱线：在美国，国标局的研究人员检测了汞-198；在德国，人们检测了氪-84和氪-86；国际计量局的人检测了镉-114。计量学家原本希望在第九届国际计量大会上讨论前述几种候选同位素，甚至有可能就此做出决定，但由于第二次世界大战的爆发，理应于1939年召开的大会被迫取消。1948年，第九届国际计量大会终于召开，与会者有太多信息需要交流。特别是近期对存档的千克原器进行的测定显示，它的重量流失了，原因显然是藏在金属铂里的气泡流失了，这一消息实在出人意料。由于第二次世界大战的破坏，本届大会的工作曾经中断，而且大会并未准备好确定终极长度标准。与会的科学家并不确定，当时人类利用分布在世界各地的技术手段取得的测量精度——大约为百万分之一——是否足够恒久和可靠，可否抗衡当时的人造标准具。因此，有人在第九届国际计量大会上提议，进一步完善前述技术，同时要求各国计量实验室继续研究生成光谱线和测定光谱线的设备，继续研究光谱线本身。

时间移至 1952 年，后续研究工作已经大致完成，国际计量局的科学家们设立了一个顾问小组，计划对米制标准重新进行定义。该小组的学名为"顾问委员会"，它只是国际计量局设立的数个小组之一，其他小组包括：1927 年设立的电学测定小组，1933 年设立的光度测定小组，1937 年设立的温度测定小组。在 1954 年举行的第十届大会上，与会者一致同意计划于 1960 年召开的第十一届大会上正式根据自然标准重新定义米。

奥地利哲学家路德维希·维特根斯坦（Ludwig Wittgenstein）在《哲学研究》（*Philosophical Investigations*）里说道："有个东西，人们既可以说它是 1 米长，也可以说它不是 1 米长，那就是巴黎的那个标准米。"[①]（摘自该书第 50 节）在此，维特根斯坦论述的不是米杆本身——在某种程度上，米杆有其特殊的属性，它本身不具有长度——他论述的实际上是丈量行为：人类利用某种标准测定某一物体的长度时，为这一标准规定个长度，实质上毫无意义。《哲学研究》出版于 1953 年，此时维特根斯坦已经去世两年，人们已经推出多项计划，已经采取措施让米杆永远退出历史舞台，但它却鬼使神差地出现了。前述哲学观点随后会移植到光波长上。按照计划，重新定义米将会在 1960 年进行。从此，人们再也不会重新测定已然选定的光谱线的波长了，它就是尺子，而非测量对象了。

公制计量势在必行却一波三折

20 世纪 50 年代，世界上许多国家已经改为公制计量或正准备改为公制计量。维托尔德·库拉在文章中说道：公制计量"无坚不

---

① Ludwig Wittgenstein, *Philosophical Investigations* (London: Blackwell, 1958), p. 25.

摧地推进"一开始依仗的是强权，"公制计量追随法国的刺刀向前推进"。① 其他国家最终接受公制计量更多是出于自愿，例如，为了全民族的统一，为了拒绝殖民主义，为了强化国际竞争力，作为加入国际社会必需的前提条件，凡此种种。时间移至 20 世纪中叶，法国革命者设想的公制计量的确变得普世了，而且已经踏上了全世界所有国家都接受的征途。我们提到的两个对比鲜明的实例——西非和中国——继续扮演着领头羊的角色，率领其他数十个国家改制成了公制计量。

20 世纪 60 年代初，随着独立的非洲国家不断地涌现，多数国家接受了公制计量，因为人们普遍认为这是抛弃殖民主义和进入国际社会的前提条件。1960 年，在获得独立的同时，许多西非国家做出改变，接受了公制计量；但加纳 1975 年才做出改变，是少数几个坚持到最后的国家之一。

中国通向公制计量的道路充满了更多荆棘和曲折。两次鸦片战争让中国变得羸弱和疲惫不堪，当时的清政府已经风雨飘摇；1894—1895 年，甲午中日战争的败绩对清政府更是当头一棒。1898 年，光绪帝实行"戊戌变法"，但却遭到以慈禧太后为首的保守派的抵触。后来，慈禧启动了一系列改革，其中包括度量衡改革。她命令中国驻巴黎大使前往国际计量局，咨询改制为公制计量一事，同时为清政府申请了两套标准尺和砝码。清政府于 1908 年重新修订了几项法律，某种程度上重组了全国的称重和丈量体系。清朝保留了中国传统的称重和丈量方法，也重新定义了它们与公制计量的关系，规定了传统中国计量单位与公制计量单位的换算率。

1909 年，赶在清朝寿终正寝前，两套新标准来到了中国。对

---

① Witold Kula, *Measures and Men*, pp. 267–268.

于制定诸如称重和丈量政策之类的事宜，清政府没有能力限制外国势力的入侵，这激起了民愤。1911 年的武昌起义引发了辛亥革命，清朝灭亡后中华民国成立。由于同样担心中国的称重和丈量体系不统一，新政府承袭了清政府与国际计量局建立的联系，并于 1912 年向国际计量局派驻了代表。为改善国家的称重和丈量体系，新政府设立了一个新机构：国家计量局。

结果证明，让公制计量深入到中国人民心里和意识里，存在很多困难。"问题不在于中国人民对此抵触，"上海交通大学科学史和哲学系的教授关增建说，"前后历经那么长时间才过渡到公制计量，主要原因是当时中国社会动荡，国家正在经历持续不断的战争和革命。"① 不仅如此，中国以及亚洲其他国家也曾断断续续拥有过自己的金字塔研究群体。他们声称，早在与西方建立联系前，远古时期的亚洲"科学家"已经发现了科学的基本原理，一些人甚至宣称，这些原理首先在亚洲发现，早在很久以前就传播给了西方的"野蛮人"。

1925 年后，蒋介石开始统治中国，并于 1927 年在南京建立了新政府。蒋氏政府同样把统一称重和丈量放在很优先的位置，并于 1929 年颁布了一项法令，保留传统中国度量衡在国内继续使用，但官方交易将采用公制计量单位。后来的抗日战争又让进一步推行公有制计量举步维艰。

1949 年以后，政府同样致力于统一全中国的称重和丈量体系，全面改制为公制计量，并于 1959 年完成了第一阶段的改革。"毫无疑问，那些年，人们对西方的东西没有好感。"关增建告诉我，"不过，这主要是针对政治和生活方式之类。国家对发展科学和技术非

---

① 2010 年 12 月 13 日，关增建的个人表述。

常感兴趣，并不在意它们来自西方还是其他地方。当时，公制计量对世界科学和技术已经至关重要。"1985 年通过《计量法》后，中国才完成全面改制。丘光明亲口告诉我说："这次改制不容易。不过，中国人又一次展现了聪明才智。领导们告诉大家，新十进制和中国古代度量衡的一二三排序方式其实一模一样，例如：一升等于 1 公升（1 立方分米），两斤等于 1 千克，三尺等于 1 米。我小时候就想，'我们中国人真聪明，古代居然有这么精准的度量衡——我们比美国人精明多了！'当然，这不是真的。不过，这让改制变容易了。"①

令人意外的是，全世界科学和技术领域的领头人美国反而是少数几个抵制公制计量的国家之一。这涉及领导意志，而美国政客们认为几乎没有改制的紧迫性：既然还没有坏到不能用的程度，有必要修理吗？美国科学家们已经使用公制计量，日常商业活动中必须做出改变的场合非常少，很容易就能更正。美国政客们往往痛恨需要花钱的改革，但到 20 世纪 50 年代，改制的时机似乎已经成熟。"冷战"时期，政客们认为，保持技术领先对军事防御至关重要；科学家们认为采用公制计量是技术进步的必备要素。

1957 年 10 月 4 日，苏联发射的航天器"斯普特尼克号"卫星引起美国人的恐慌，这让他们以为两国在技术领域有了鸿沟。1958 年竞选参议员和 1960 年竞选总统期间，约翰·费·肯尼迪（John F. Kennedy）先后两次利用了（后来证实为不正当手段）美国人民对"美苏导弹差距"的恐惧：苏联人拥有的洲际弹道导弹比美国多，弹头也更重；他们还首先发射了撞击月面的火箭，以及拍摄月球背面照片的火箭。

---

① 2010 年 7 月 2 日采访丘光明，吴若蕾翻译。

由于"计量方面的鸿沟"可能比"导弹差距"更危险，人们认为苏联对自由世界是个威胁，因为导弹技术正是基于精准测量。那之前数十年，人们对精度的要求已然迅速提升。第一次世界大战末期，很少有人要求设备的差错率达到万分之一。20 世纪 50 年代，人们已经开始要求高技术设备的差错率达到十万分之一，甚至百万分之一（1 英寸的百万分之一大约是人类的 1 根头发平均切分为3000 片的厚度）。太空时代对精度的要求更上一层楼，达到了千万分之一，甚至亿万分之一。让美国科学家、教育家、商人担忧的是，美国没有接受公制计量，可能会阻碍其科技创新、科学教育的发展，影响其产业竞争力。1959 年，美国商务部长刘易斯·施特劳斯（Lewis Strauss）宣布，他支持美国改制为公制计量；而且，国会通过立法启动了一个美国改制的调研项目。与此同时，美国、英国以及其他几个仍然使用英制计量的国家达成了一致，修改英制计量标准，用公制术语为其下定义，例如 1 英寸等于 2.54 厘米，1 磅等于 0.45359237 千克。

1960 年，《星期六晚邮报》驻华盛顿编辑贝弗利·史密斯（Beverly Smith）曾经咨询一位工程师：在导弹竞赛中，苏联人为什么正在胜出？对方回复说"我们的计量不够准确"，在计量领域"俄国人可能领先于我们"。苏联已经用好几个计量实验室组成一张大网，而美国的国家标准局却缺少经费，还面临进一步削减经费。史密斯忧心忡忡地警告说："文明的前程可能要押注在百万分之一英寸上，或十亿分之一秒上。"[1]

爱德华·特勒（Edward Teller，1908—2003）的预言足以跟高

① Beverly Smith, Jr., "The Measurement Pinch," *Saturday Evening Post*, September 10, 1960, pp. 100–104.

明的先知比肩。特勒是出生在匈牙利的物理学家，他1935年来到美国，曾参与"曼哈顿计划"。他在对接纳他的国家展示爱国主义情怀时采用的是警示形式：如果美国对他极力捍卫的事——包括研发氢弹、大规模核武器试验，把饱受诟病的"战略防御计划"提上日程，保护美国免受太空攻击，当然还包括改制为公制计量——不采取某种积极行动，定会将世界的领导权抛给苏联。

特勒声称，"这是我特别容易着急上火的话题"，苏联早已放弃了"俄里和其他可笑的计量单位"，早在1927年就接受了公制计量，这明摆着是对自由世界不怀好意；我们仍然依赖英制计量蹒跚而行时，苏联使用公制计量，这等于使用"红色武器"帮助苏联抄了近道，在技术、教育、商业方面领先于美国。改制对美国来说已经"十万火急"，能够在我们"为理想而奋斗"时抹平差异；危如累卵的不是别的，恰恰是"世界历史上最伟大的竞争——争夺世界领导权的竞争"[①]。

特勒极力推崇公制计量是个特例，他既无法强求那些他常来常往的政治盟友，也没有能力取得有力的支持。美国对公制计量的抵制甚至让特勒也低头认输。虽然做出改变接受米制的提议隔三差五就会摆上美国国会的台面，年复一年地过去了，国会却没有任何举措。

国际单位制

"计量方面的鸿沟"引发的各种担忧在美国和苏联之间激起了全球性的对抗，最鲜明的对比呈现在国际计量局的国际合作领域。早在国际计量局建立之初，该局已经将各国间的斗争排除在计量之

---

① Edward Teller, "We're Losing by Inches," *Los Angeles Times*, May 15, 1960, p. B6.

外，而且那时候该组织已经十分精明地胜利完成了这一任务。这一组织历来动作缓慢，谨小慎微，唯有全体达成一致，才会采取行动。从1875年国际计量局建立伊始，各国代表一直都能和平相处，即便各自的政府吵得不可开交，甚至真的处于战争状态，情况亦如此。第一次世界大战期间，德法两国在战场上互相厮杀，而存放国际计量标准的保险柜有三把钥匙，其中一把就掌握在一个德国代表手里。巴黎处在德国炮火覆盖范围之内时，国际计量局的官员拒绝考虑将标准具及其复制品转移到更安全的地方，他们只是配置了一套备用钥匙，以应对战时突然出现必须转移的情势。

想当初，国际计量局的主要工作是照料米原器和千克原器，用这些原器与成员国的标准具进行比对，以及开发体积、密度、温度等的度量衡。作为一家中立的国际机构，一旦遇到各种度量衡方面的问题，各国都会向这一组织求助。20世纪初，该组织收到许多要求其扩大范围、将其他具有国际用途的计量单位纳入其中的请求。

20世纪20年代，电气工业的蓬勃发展带来了电气化和各种市场需求，同时也带来了对电计量单位标准化的需求。当时有好几套不同的电气测量体系，而国际计量局顺理成章地成为评判机构。1921年，第六届国际计量大会的与会者修改了"米制公约"，授权国际计量局设立并保存电计量单位标准原器及其复制品，与各国的同类标准进行比对。这在很大程度上扩大了国际计量局的权限，该局同时扩大了公制计量体系，将秒和安培也纳入一个包罗万象的框架内，人们将其称为"国际通用单位制"体系，其中包括米、千克、秒、安培。

随着科技的不断进步，国际计量局面临着将其他类型度量衡标准化的请求，这其中包括时间、温度、光强度、电离辐射等。国际计量局的工作还包括批准各个国家的度量衡实验室达成的各种协议。1948年，第九届国际计量大会开会期间，人们明确表示，有意将前述所有计量整合为一个综合的计量单位体系，这一体系可以作为人们迄今尚不知用途的新的派生计量单位的基础。在这方面，1954年召开的第十届国际计量大会迈出了重要的几步，在米作为长度单位、千克作为重量单位的基础上，大会采纳了安培、坎德拉、开尔文三种基础计量单位。安培的正式定义为"在真空中，截面积可忽略的两根相距1米的平行而无限长的圆直导线内，通以等量恒定电流，导线间相互作用力在1米长度上为2×10^7牛时，则每根导线中的电流为1安培"。开尔文是热力学温度的单位，其大小定义为"水的三相点热力学温度的1/273.16"。发光强度坎德拉的定义曾经为：全辐射体在铂凝固温度下的亮度为每平方厘米60坎德拉。

　　1960年10月14日，参加第十一届国际计量大会的三十二位代表认为，现行"米"的定义"精度不够，无法满足现行度量衡的需求"，因而社会"强烈希望采纳一种自然的和坚不可摧的长度标准"，所以他们批准了这样的决议："米的长度等于氪-86原子的$2p_{10}$和$5d_5$能级之间跃迁的辐射在真空中波长的1650763.73倍。"米终于与自然标准绑定了。(1983年，人们再次将米定义如下："米是光在真空中于1/299792458秒的时间间隔内所行进的行程的长度。")那根铂铱合金杆，即1889年以来一直在国际长度计量机制内居统治地位的国际米原器，变成了历史文物。新的长度标准广泛存在，而且到处都有，没有地域限制。最初，生成光波长的技术是具有地域性的，但当时人们已经觉得该技术很快将传遍全世界。

　　在度量衡历史上，以上决议是个关键点，是人类数世纪以来的想法以及技术进步的巅峰。17世纪，人们开始渴望将计量单位和自然标准相关联，在18世纪不断尝试，实现相应的技术是在19世纪，而它的最终实现是在 20 世纪。

当年，新闻报道对国际计量大会的决定给予了广泛关注。一位美国代表的说法被多家媒体援引：利用铂铱合金标准杆可以测出的最短长度为百万分之一英寸，而"如果导向陀螺仪的钻孔上出现百万分之一英寸的误差，那么对月太空发射就会偏离月亮数千千米"[①]。《芝加哥每日论坛报》对以上变化颇有微词："对这一重要的事件，老百姓根本无法掌控，甚至无法理解。"该报接着评论说，让色盲女裁缝悲哀的是，原先她可以用软尺量体裁衣，可现在她根本辨不清"橘红色的光波"。[②] 这个半开玩笑的说法隐含着人们对计量问题的担忧，计量理应让老百姓易于理解，曾几何时，这也是设立公制计量最主要的初衷之一，但如今对普通人来说，计量变得越来越复杂了。

国际计量大会采纳自然计量标准是度量衡学迈出的一大步，吸引一众目光的同时，国际计量大会迈出了激进的第二步：重新融合各种计量单位，这一步意义重大。从本质上说，国际计量大会用一个全新的计量单位制替换了旧有的米制，新体系从机械和电磁两方面为整个度量衡领域全面勾勒出一个基本框架。这一体系包括六个基本计量单位：米、秒、千克、安培、开尔文、坎德拉。（1971 年又增加了第七个计量单位"摩尔"。）[③] 新体系还包括这六个基本计量单位导出的一整套计量单位，每个系列还有各自的专用名称。

1960 年以前，秒一直以天文概念定义，例如，1 秒为一天的 1/86400；如今秒的定义是，公历 1900 年全年的 1/31556925974。然

---

① "New Standard of Meter and Second Set Up," *Chicago Daily Tribune*, October 16, 1960, p. A16.

② "O, for the Simple Life!" *Chicago Daily Tribune*, October 21, 1960, p. 16.

③ 1 摩尔粒子集体所含的粒子数与 0.012kg ^{12}C（碳-12）中所含的碳原子数相同，表示符号为 mol。

而，随着 1955 年英国国家物理实验室（英国国家度量衡实验室）制造出第一台原子钟，计量时间的技术突飞猛进。1967 年召开的第十三届国际计量大会重新定义了秒："秒是铯 -133 原子基态的两个超精细能级之间跃迁所对应的辐射的 9192631770 个周期所持续的时间。"因而时间成了又一个直接与自然标准绑定的度量衡。

1960 年召开的第十一届国际计量大会面临着如何称呼这一重新整合的、扩大了的度量衡体系的问题。原有的称谓"米制"指的是长度和质量单位，国际计量大会如今创建的体系更加广泛。经过反复协商，代表们将新体系命名为"国际计量单位统一制度"，简称为"国际单位制"。全世界不仅首次拥有了人们普遍接受的计量单位，更拥有了人们普遍接受的计量单位体系。

第十一章
当代度量衡一览表

　　但凡说到计量之事，人们总会提起如今的计量标准、计量仪器、计量机构等机制的来龙去脉。其实，计量所蕴含的内容远大于这些，例如计量的意义就曾发生过多次改变。每个时代都有自己的计量学说，里面包含的是对文化认同的理解：人类为什么要测量，人类从测量中得到了什么。随着时间的流逝，这样的认同还在不断地深化。

　　论述不同的时代不同的人对文化认同的理解其实很困难，尤其是每个时代的人都坚持认为根本没有文化认同这回事。人类总会自言自语："我们的计量方法是对的，把我们和现实世界联系在了一起。"维托尔德·库拉也认同这样的观点。描述中世纪欧洲的度量衡以及度量衡如何紧密地融入人类的生活中时，人们自有一套社会逻辑，而细致入微地解说这套逻辑的著名人物正是库拉。他在《度量衡与人类》一书里常常评论说，米制不过是"纯粹的约定俗成"，根本"没有现实的社会意义"，与"社会价值"也缺少联系，甚至到了"没有人性"的地步，"无论怎么说都不具备内在的社会意义"。虽然如此，他最终还是心有不甘地承认，他是米制的"崇拜者",因为米制为人们带来了"更高水平的相互理解","在国际认同和国际合作方面已经带领人类用更高效和更有成果的方式走过了相当远的路"。① 书中最后一句话说道:"最终,全人类都能很好地、很完美地相互理解的时代一定会到来,人类届时已经没有任何必要进一步互相做解释。"② 这句话纵然语含讥讽,表达的意思却很清楚,因为度量衡体系已经完美地融入了现实生活。

当代度量衡体系不缺乏社会意义,也不缺乏计量学说。对全人类而言,为了让这个世界可以计量、可以计算、日趋统一、更好地为人类服务,人们正在从事一项一劳永逸的工程,即从度量衡里剥离地方、产品、时间等的印记,也即将每一个地方以及所有地方的度量衡抽象化,这的确具有深远的社会意义。

新版《维特鲁威人》

亨利·德赖弗斯(Henry Dreyfuss,1904—1972)的"人体模型"帮助人们把隐含的社会意义带到了光天化日之下。德赖弗斯是 20 世纪中叶最注重实效性、最不修边幅的工业设计师,他广受欢迎的实用产品包括"胡佛真空吸尘器""约翰迪尔拖拉机"以及"公主电话"。他的设计方法与众不同,他会调查清楚人们的身体尺寸,以此指导家电设计和设备设计。他的著作包括《为人而设计》(*Designing for People*)和《人体测量》(*The Measure of Man*),这两部作品均提供了一对典型的名为"老约"(Joe)和"约瑟芬"(Josephine)的人体素描,并配有尺寸信息(这是数十年收集数据

---

① Witold Kula, *Measures and Men*, p. 121.

② Ibid., p. 288.

并加以研究的成果）。其本意是让工程师们从一开始就把人类的体型和各种行为融入产品设计。"他们（'老约'和'约瑟芬'）看起来不那么浪漫，冷眼注视着面前的世界，周身围满了像苍蝇一样的数字和尺寸，"德赖弗斯说道，"不过他们对我们的确非常珍贵。"对于必须想象出电话机、电熨斗、拖拉机、飞机等最佳设计的工程师们来说，"老约"和"约瑟芬"就更加珍贵了。德赖弗斯接着论述道："效率最高的机器是围绕人建造的机器。"德赖弗斯去世后，《人体测量》一书继续再版，而且更名为《男性、女性人体测量》（*The Measure of Man and Woman*），书里还收入了孩子和老人的身体尺寸信息、残疾人的身体尺寸信息，以及"百分比人形"——在百分比网格（网格 1 到网格 99）设计图上尺寸特别极端的人。书里还附有一张光盘，内容包括一些计算机辅助设计的人形，可用于剪切、粘贴、改编。还有效率更高的"老约"和"约瑟芬"身体三维扫描图，这一技术是德赖弗斯去世后才发明的，迄今已发展得很超前了。如今，"老约"和"约瑟芬"的身体三维扫描图可以在网上随用随取，而且总是在更新。

"老约"和"约瑟芬"是新版《维特鲁威人》，性别方面正好组成一对。有关他们的计量学说与古希腊计量学说大相径庭。在"老约"和"约瑟芬"身上，完全看不见达·芬奇在《维特鲁威人》身上彰显的神勇、高贵、美感。他们两人存在的理由——为什么创造他们，人们通过他们有了怎样的认识——不是为了美感和对称，而是为了效率。他们无法帮助人类与非现实世界的某种东西发生关系，不过，工程师一旦掌握他们，就能针对每一位个体进行设计。

曾经有那么数十年，人们狂热地利用人类的身体尺寸来提高效率，德赖弗斯的人生经历这才广为天下所知。这方面的另一位先驱人物是弗兰克·吉尔布雷思（Frank Gilbreth，1868—1924）。作为工业心理学家、效率倡导者，吉尔布雷思创造了"动作元素"（Therblig）一词，这是个专用的计量单位，用来指称人类身体运动的标准，英文原词取自他的名字（或多或少类似于他姓氏中的字母按反顺序书写）。以下段落摘自小说《儿女一箩筐》（*Cheaper by the Dozen*），书里的故事是基于吉尔布雷思的一生：

> 请设想某男士进入卫生间刮胡子的场景。人们会想，他抹了一脸肥皂沫，正准备拿起刮胡刀。他知道刮胡刀的位置，不过，他必须首先用眼睛定位，这是"搜索"，也即第一个动作元素；他用眼睛看到了刮胡刀，然后停下来——这是"发现"，也即第二个动作元素；第三个动作元素是"选择"，即执行第四个动作元素"拿起"之前的经停过程；第五个动作元素为"拿稳运送"，也即将刮胡刀举到脸的高度；第六个动作元素为"放置"，也即将刮胡刀置于脸部。接下来还会有11个动作元素——最后一个是"想一想"！每当老爸研究动作时，他会将每一个动作分割成动作元素，然后设法减少执行每一个动作元素的时间。或许一些待组装的部件可以涂成红色，其余的涂成绿色，以减少"搜索"和"发现"所需的时间；或许某些部件可以安置在离正在组装的物体更近的地方，以减少"拿稳运送"的时间。每一个动作元素都有自己的标记，一旦老爸将它们画好，挂到墙上，他就会要求我们按照图示做烦琐的家务——例如收拾床，洗碗勺，扫地，除尘。[①]

---

① 摘自小弗兰克·吉尔布雷思和欧内斯特·凯里合著的小说《儿女一箩筐》（New York: Bantam,1948）第94—95页。各种动作元素汇编不尽相同，当代动作元素汇编表包括以下要素：搜索、发现、选择、拿起、握住、放置、组装、使用、拆解、检查、拿稳运送、运送卸载、进入下一个动作预定位置、释放载货、不可避免的耽搁、可避免的耽搁、计划、为消除疲劳而休息。

新版男女维特鲁威人存在于当下，这个时代测量身体并非仅仅是为了展示人体各部位的协调美。计量创造了男女维特鲁威人生活在其中的世界，创造了世界的各种设施和环境，以及人们在其中的行为方式和理解这个世界的方式等。正如哲学家伊曼努尔·康德（Immanuel Kant）所说，对困扰全人类脑力的三个著名的关键问题，计量给出了答复：首先，回答了"我能从中学到什么"；其次，回答了"我必须做什么"；最后，回答了"我能指望什么"。计量不仅是许多工具里的一个工具，例如尺子、磅秤以及其他仪器；计量是一种流动的体系，一种互相关联的机制，在世界各地以及形态上可以平稳地、私密地互相交织在一起。

当今世界的确有度量衡一览表（metroscape），其后缀"一览"（-scape）通常指的是某种空间概念（不妨想一下风景［landscape］、海景［seascape］、城市景观［cityscape］），说的是一种延伸，源自人与自然的互动，使人类与自然之间的联系有了具体的形。至于"音域一览"和"人种一览"之类的词语，它们的后缀还适用于更为现实的空间类型，对人类生活具有同样的影响。所谓"一览"既不能简单地理解为物质的，也不能简单地理解为精神的，而是两者兼而有之；它隐匿在当今世界及其诸多特征里，同时也隐匿在人类认识当今世界和联系当今世界的方法中。国际单位制是当代度量衡一览表的结果，而非原因。

我曾经在本书第四章中提到，对18世纪和19世纪欧洲新政治经济环境里的劳动管理部门来说，标准计量的存在和大量管理计量机构的存在至关重要。对亚当·斯密说的那家著名针工厂适用的，对数量庞大的其他工作场所同样适用。计量制适用于产品、工人、市场、企业，既可以体现也可以强化社会的、政治的、经济的实力。简言之，度量衡一览表成了资本主义崭露头角的关键，对同时代的农业来说，它同样生死攸关。劳伦斯·布什（Lawrence Busch）是密歇根州立大学的社会学教授，标准和社会研究中心的主任，他和田中惠子共同阐释了度量衡和计量标准在油菜农业里扮演的角色，这里说的是用来榨油的油菜。他们认为："菜籽颗粒的级别将农民和升降机操作手联系在了一起，检测菜籽质量将生产商和农民联系在了一起，计量菜籽的含油量及其成分将买家和卖家联系在了一起，计量保存期将加工企业和零售商联系在了一起……检测是对本质的计量，检测同时也是对文化的计量。"[①] 在油菜籽生产和消费中扮演发现角色的计量，在其他所有农产品里，也有它们的身影。

服　装

度量衡一览表也应用到了服装行业，这里仅举一例，早期版的《男性、女性人体测量》曾经预言三维扫描机的使用，21世纪伊始它变得更加实用和更加有市场，已经开始改变服装的制作和生产。这项技术部分源于政府资助的基础研究项目，目的是撑起陷入困境的民族产业。1979年，美国国家科学基金资助了一个面向纺织行业的调研项目，这一行业几乎没人做研发，这让人们对这一行业的全球竞争力产生了担忧。为解决这一问题，两年后，政府和纺织行业共同出资创建了一个非盈利的研发组织，取名"定制服装技术公司"，亦称"定装公司"。当时服装生产岗位正流向低工资国家，该公司的第一项重要任务是扭转这一颓势，其做法是开发男装自动制衣设备。无论在自动制衣方面还是扭转岗位流失方面，这一尝试均

---

① Lawrence Busch and Keiko Tanaka, "Rites of Passage: Constructing Quality in a Commodity Subsector," *Science, Technology, & Human Values* 21, no. 1 (Winter 1996), pp. 3–27, at p. 23.

以失败告终（同样的尝试在日本经历了相同的命运）。不过，定装公司在自动化生产方面的确取得了一定的成功，例如生产运动长裤和长袖套头衫。

定装公司的研究项目仍在继续，20 世纪 90 年代末该公司的三维身体扫描技术已经可以应用到零售商店。1999 年，第一台机器在位于旧金山的一家李维斯门店安装完毕，购买牛仔裤用上了高科技。

两年后，坐落在纽约城麦迪逊大道的男装品牌店布克兄弟（Brooks Brothers）安装了第一台三维身体扫描机，当时，这家注重传统的公司正苦于如何降低成本和进行现代化改造，同时又要保证质量。最初，产品和制造部副总裁约·迪克逊（Joe Dixon）亲自动手操作设备，他说，因为高层职员们一开始相当忐忑，他们担心扫描机有可能毁掉公司原有的定位——在按客户要求制作和量体裁衣制作之间坚定地恪守中立立场。就此，纽约设计师克雷格·罗宾逊（Craig Robinson）曾说道，中间点位于"传统与个性、统一与惯例"① 之间，可谓点睛之笔。

后来，迪克逊意识到，新的三维测量技术与上述差别关系不大，上述定位是在同一品种里逐级做选择，而非选择不同的品种；使用扫描机的与众不同在于，为忙碌的纽约职场人士免除耗费时间的试衣过程。虽然这台机器并非为女士而设计，但常有女士进店一探究竟。"有人直接给我提建议。"迪克逊亲口对我说，"好几位女士说过这样的话：'如果你能给我做一条特别合身的裤子，我这辈子就只在你们店做衣服了！'她们的话让我印象深刻，说明人们特别在乎衣服是否合体。"②

---

① Craig Robinson, *Details*, April 2006.
② 来自 2010 年 2 月 28 日对迪克逊的采访。

但凡对预订和量体裁衣之间的差异不抱政治偏向或感情偏向的社会机构，都特别喜欢这台机器。海岸警卫队征兵中心购买了两台机器——一台用于男性，一台用于女性，新兵们穿着内衣排队等候快速扫描。如今已有四十多所大学拥有这种扫描机，主要用于服装或时装院系。

这样的扫描机价格不菲，布克兄弟男装店第一台机器的投入为 7.5 万美元，占地 15 平方米。这种状况阻碍了此类机器在主流商店里的应用。八年时间里，布克兄弟男装店仅仅在纽约的门店里有一台机器。不过，他们用其积累了足够的业务量，因而升级了机器。新型号的机器的投入为 3 万美元，占地 2 平方米，公司为十个门店辟出空间，装备了人体扫描机。降低成本和减少占用宝贵的营业面积这两项改进增加了扫描机的销量。定装公司在美国市场稳坐第一把交椅（在世界市场坐第一把交椅的是一家德国公司，即"人体方案公司"），它制造的人体扫描机在全世界计有100 个销售网点。

在布克兄弟男装店之后，又有两家位于曼哈顿的商业机构安装了人体扫描机，一家是男装品牌店"奥尔顿莱恩"（Alton Lane），另一家是女装品牌店"维多利亚的秘密"。奥尔顿莱恩是个小型男装公司，该公司利用扫描机声势浩大地促销定制服装，像图像在线视频提供商"奈飞公司"（Netflix）促销电影那样，像"蓝色尼罗河公司"（Blue Nile，一家在线贵重珠宝零售商）促销钻石那样获取很高的定制服装市场占有率。该公司还利用体验电影《星际迷航》里的光传输技术当噱头，为公司的诸多客户创建网络账户。客户们可以下单，定制传统正装，或者回到家里自行设计，利用三维人形"试穿"不同类型的翻领、裤脚、袖口等；人形可以实时更新，通过操作，将正装穿在不同的人形身上，从各个角度观看效果。该公司还举办各种各样的社交活动，作为热身活动，每位到场的人都要单独接受人体扫描，然后才能享受美酒和甜点。在奥尔顿莱恩公司使用扫描机的几乎同一个时期，维多利亚的秘密公司在"居家办公"大厦安装了一台扫描机，意在帮助女性选择最适合自己的内衣。

我太太和我决定亲自感受一下人体扫描。用不同的方式体验相同的东西，然后对比各自的体验，我们两人经常这样做。然而，很少有什么体验像人体扫描那样给人意外的惊喜。

我是在麦迪逊大道的布克兄弟旗舰店完成体验的。我在一个试衣间里脱掉外衣，穿上一个颜色奇特的内衣（他们把它称为扫描衣），然后进入一个房间，里边光线暗淡，我双手抓住两个扶手，这才站立到位。我按下一个按钮，16 个感应器分别射出奇形怪状的光影，围绕我的身子转悠了将近 1 分钟，由此生成了精确到 1/5 毫米的 60 万—70 万个信息点位。我穿好衣服走出试衣间时，计算机已经将信息处理好，压缩成一张三维身体影像；我得到一张打印的样张，样张上有数据列表。这些不过是一些数据，可它们都是关于我的数据，我可以利用它们，以特别适合我这种体型的草图实景试衣，下单制作正装和其他服装。整个体验像是进了迪士尼乐园：让人感觉舒适、程序流畅、眼花缭乱却又很享受。

不远处，在"居家办公"大厦里，我太太从豪华的粉色试衣间里走出来，然后进入一个光线昏暗的密室。灯光开始闪烁时，一个事先录制的声音向她保证，利用扫描的尺寸，她会得到迄今为止最合身的胸衣。该公司将扫描过程冠名为"身形匹配"。后来，女店员拿来一张卡片，毕恭毕敬地递到我太太手里，卡片上列出了六件商品，其中包括两件合身的，一件极其合身的。在预订和量体裁衣之间，从客户体验来讲，我太太和我的体会差异明显。我太太的体验里少了巴黎内衣沙龙的奢华，也没有经验丰富的双手给她以呵护，远不及我的"迪士尼乐园"那么新奇，她体验的服务甚至还不如在机场和医生诊所里得到的服务。有时候，为了成功，商家必须将客户体验融入技术，不然的话，数字会显得过于冷漠。

不久后，我目睹了定装公司和人体方案公司的最新三维扫描机的对决，地点在麻省工业城黑弗里尔（Haverhill）市，即索斯威克制衣公司所在地，该公司是布克兄弟品牌的生产商。索斯威克公司培训部主任约瑟夫·安迪斯塔（Joseph Antista）让前述两家公司各自将最新型号的设备架设在中央办公区。

走过办公区的门，我看见定装公司的机器位于左侧，那是个黑色的、外观看着像衣柜的大匣子，长约 1.5 米，宽约 1.2 米，高约2.3 米。右侧是它的竞争对手，那是三个高约 2.7 米的塔状物，罩在一个橄榄绿色的帘子下边，三个物体摆放成三角形，各边长约2.1 米。每台机器的设计团队包括一位物理学家、几位程序员、几位工程师。每台机器的安装过程约为一小时，机器可直接连接在普通电源插座上。每扫描一位客户，各台机器用时不过数秒钟。

安迪斯塔对我说，"传统试衣"是个即将消失的制衣程序，测量身体尺寸既费时又费钱，在定制服装过程中，能够接受技术改造的部分也就是这些。他测试这两套设备（一家远在好莱坞的竞争对手赛博威尔三维扫描设备公司可提供技术更高端的设备）正是为了看看有无可能在布克兄弟大约 100 家门店里以及数量庞大的销售网点应用它们。

趁着安迪斯塔认真研究数据之际，我独自体验了一把测试。

我首先尝试了定装公司的机器，他们采用的技术是"结构光辅助立体三维传感"。我脱掉外衣，穿上扫描衣，走进小屋，数了数正面和身后墙体内安装的感应器，共有 16 个。每个感应器有两个摄像头，它们从不同角度对准了我。

一个事先录制好的柔美的女性声音说了一段欢迎词，接着提示我站立到位，握好把手，在按钮上按一下。灯光开始闪烁，机器在我身上投射出一些图案，首先是相机的增益功能对我的肤色进行优化处理，接着，图像采集过程开始，出现了许多条状图案，用于协助三角图形采集器"构建"人形。捕捉白光的立体感应利用的是人们熟知的测距技术——例如，同一技术也应用到了火星车上——它需要完成的计算量太大，近年其计算速度才刚刚达到可以用于人体扫描。

体验过程满打满算只有1分钟左右，可以用定装公司技术开发部副总裁戴维·布鲁纳（David Bruner）信心满满地对我说的四个词概括："快捷、容易、安全、隐秘。"[①] 整个设备没有活动部件。至于为什么使用白光，布鲁纳解释说，用于扫描人体立姿和坐姿最佳。说来也怪，同一技术应用到动物身上却不灵。

接着，我又试了人体方案公司的设备，这台设备使用的是激光，而非白光。该公司的一位代表罗伊·王（Roy Wang）曾经在多伦多大学主修物理。他解释说，三角测量采用激光更容易实现。尽管如此，由于所谓的（虽然未经证实）安全原因，一些市场毫无来由地恐惧激光，美国就是如此。这台设备的三个塔状物中的每一个都装有可拆卸的滑块，上有一个激光生成器，一台照相机。扫描时，那些滑块自上而下缓慢移动，投射出红色的水平线，那些照相机利用它们捕获我整个身子的横截面。

上述两种技术都会生成信息云，即精确到1/10像素的成千上万个点，然后将它们分类，萃取关键测量值，植入三维模型，生成

---

① 来自2010年6月14日对戴维·布鲁纳、罗伊·王以及约瑟夫·安迪斯塔的采访。

一个"阿凡达"——一个美化过的、浑身裹满皮肤的形象，可以用来模拟穿衣效果。两台机器的测量精度难分伯仲。定装公司的机器相对来说稍微便宜一些，最适合制衣。人体方案公司的设备最适合在研究领域应用，已经在人体工程研究方面派上了用场，例如，美国国家航空航天局休斯敦办公区即装备了该公司的设备。

　　人体方案公司还研发了犹如会动的阿凡达那样的仿真模型。"由于女性的身体曲线比男性的美，她们有可能想亲眼看到不同部位的带子和贴花处于运动状态的样子，"罗伊·王对我说，"这绝不是小事！"为说明问题，他把一条带子和一个贴花粘在一个仿真女性阿凡达身上，然后变更她身上穿的服装的特性，变化的视觉冲击力令人震撼。"快看，看这个！"说着，他在几个圆盘上拧了几下，让那位女士的衣服挂到一个树杈上，以测试织物的反应。

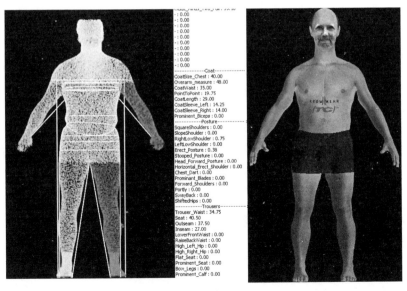

图 16　本书作者的"阿凡达"和整套信息，定装公司利用精准到毫无人性的三维人体扫描机制作

在体验过程中，目睹自己近乎赤裸的身躯变成精确的和冷酷的三维模型，是个让人尴尬的时刻。约瑟夫·安迪斯塔说这样的反应很典型。"这项技术太棒了，"他一边说一边领着我在工厂四处转悠，"它让人们看到了本真的自己。无论我们选中哪款扫描仪，从一开始，我们会让客户的'阿凡达'穿上选定的服装。"

我询问他，与裁缝的测量值相比，机器的测量值有没有局限。"裁缝的技术原本就不在于测量，"安迪斯塔回答，"而在于他们事先知道人们穿上不同的衣服，摆出特定的姿势和气势，会有什么样结果。测量值会帮助裁缝决定如何回答人们的提问：'应该给我穿什么衣服？'人和木头不一样，人是有生命的。"

安迪斯塔在一位女制衣工身边停下脚步，伸手拿起即将加工的一套正装的布料，说道："看见布的结构了吗？它也是有生命的。里面有七层完全不同的结构，做动作时，它们的反应完全不同，清洗后也会发生变化。一套正装可不是一截木头。"

随着成本的降低、测量能力的增强，物理学高科技的应用有可能成为更加寻常的事，很快就会超越按订单生产成衣的阶段。人体扫描仅仅是其中一个领域的例子，它的应用与零售空间的萎缩、线下实体店和线上交易不断强化的联系密切地结合在了一起。反过来说，三维技术正在掀起人体扫描的跨行业融合，将医疗、健康、保健、娱乐、游戏机构和服装联系在一起，为度量衡一览表开辟了新的应用领域。

各种活的标准

我太太早就意识到，每每涉及胸衣，计量就变得特别诡异。在服装行业（这是一个巨大的经济和产业综合体）试穿和评价胸衣占用的资源比其他任何服装产品占用的都多。主要原因是，与其他服装商品不同，挑选胸衣牵扯到方方面面，涉及时尚、舒适、自尊、自我形象，因而胸衣计量实现标准化更加困难。过去数十年间，工程师们将规划航天员太空飞行的三维技术应用到了胸衣领域，他们造出了对运动状态的乳房的 40 个独立点位进行追踪的扫描仪，还安装了穿戴胸衣时对皮肤压力和皮肤变形进行探测的多种传感器。在胸衣设计和试穿自动化方面，这是最新的尝试（迄今为止从未成功）。"技术上很成功，可价格上贵得离谱。"戴维·布鲁纳对我说，"许多年内，我们仍然需要使用真人模特。"

丽塔·玛泽拉（Rita Mazzella）是胸衣试穿模特里的老前辈。各内衣公司利用她的一对乳房（34C）勾勒新的胸衣造型，然后缩小锥度到 A 罩杯、B 罩杯，随后再扩大到 D 罩杯。"也许你会认为，模特应当是年轻的、美丽的、走猫步的女子。"我们共进午餐时，玛泽拉对我说，"但我不是。因为我是个结构模特，设计师们给我穿的都是原型，而且怎么改由我来决定。"

玛泽拉已经年届七十，但她的日程早已排满。她从两场试穿的间歇挤出时间，在纽约麦迪逊大道的一家咖啡厅和我见面。她说，她出生在意大利一个名为蓬札（Ponza）的小岛上，父亲拥有一家进出口公司。她十六岁那年，父亲把全家带到了纽约。她在纽约完成了高中学业，然后在纽约时装设计学院求学。当时她已经决心成为模特，一家公司与她签约，给她分派了第一份工作——在第七大道当外衣模特。她说："我恨那工作！"当时她必须在商店外挂满衣服的摊位之间和商店内的好色之徒之间穿行，"都是野蛮人"。

后来，公司派她到麦迪逊大道当内衣模特。在那个年月，这已经是时尚界最好的待遇了。"对女模特来说，做内衣业务，那是最有面子的事。环境干净，周围的人都讲礼貌，没有人动手动脚，没有人要求我穿着暴露。"她说，"展示外衣时，不需要做任何功能展示，穿对就行。展示胸衣就复杂了——那是工程设计的成果！——各部位必须很好地贴合。"后来，公司派她去了一家如今已经不存在的一家名为"真正的平衡"（True Balance）的公司，该公司喜欢她向设计师们提出的建议，因而与她签订了全日制合同，她在那里工作了三年。因为结婚，她辞了工作，后来她有了孩子。再后来，"真正的平衡"公司的设计师们极力邀请她回归，她在这家公司以及其他公司之间自由穿梭，尔后声名鹊起，成了胸衣设计师们梦寐以求的明珠。

几乎不可能在胸衣产业推行标准化，因为它涉及很多方面的互动——人们对款式、性能、合体都有要求。"受欢迎的定制牛仔裤有四种型号，我在生产线上工作过，"一位行业专家对我说，"从休闲型——就是一些十多岁的孩子穿的看样子要掉下来那种——到超级紧身型，中间有两个档次。如果同一个人既穿休闲型，又穿超级紧身型，能猜出尺寸差距有多大吗？8厘米！不同型号和款式的胸衣尽管尺寸差距没那么明显，毕竟还是有差距。"

丽塔·玛泽拉将自己拥有令人艳羡的职业归功于两组描述批量生产胸衣的数字（"前后比"长度编号和"罩杯"编号）远不足以定义复杂的和多变的乳房形状。这使胸衣生产成了个需要计量标准的工程难题，也让女性消费者们挑选胸衣的过程变得十分困难。有一些网站向人们传授如何自测——穿好胸衣以后，自测两个乳房之间能伸进几根手指，塞进多少只铅笔，它们才不掉下来，但结果往往令人啼笑皆非，因为姿势和肩膀的形状会影响胸衣的型号和大小，购买目的亦会产生影响，例如追求舒适，适合慢跑，为了看起来显大或显小，或是为了搭配无吊带外衣。

为满足客户们的上述需求，玛泽拉帮助设计师们缝制各种胸衣原型。"我善于跟设计师们交流，"她说，"试穿模特一天要试穿三四十件胸衣，每天如此，周周如此。适应一段时间后，身体会变得非常敏感，非常协调。如果什么地方感觉不适，准是出了问题，得传达给设计师，而扫描仪做不来这个。扫描仪无法告诉人们如何改进！乳房会动，乳房是有生命的！"

每次试穿过程不过几分钟，然而，玛泽拉每天都来试穿，直到自己感觉满意为止。对大多数新品生产线而言，反复试穿的过程仅为几天，不过，有时候也会长达三个月。经常出问题的地方是斜度。斜度是什么？玛泽拉伸手拿起玻璃杯，让它倾斜，直到里边的冰茶差点溢出来才住手。她说："这玻璃杯现在有斜度，胸衣亦然。是什么导致了这个？结构模特的作用这时就体现出来了。"

玛泽拉将身子靠在餐桌上，凑近我说："有时候，我会告诉某位设计师，这里太紧或者现在平衡没了，她会对我说：'丽塔，你太棒了！我刚刚收紧了3毫米！'这就是我对各胸衣公司的价值所在。他们可以在大街上随便找个人，也能得到完美的尺寸，可那些人无法告诉他们这些。"女性内衣俱乐部是一家非营利机构，专为贴身内衣行业服务。2002年，该机构向玛泽拉颁发了终身成就奖，这是此类奖项中的第一个，"以表彰她长期以来服务于贴身内衣行业，更重要的是，她的职业精神提升了试衣模特的'地位'，因为她展现了优雅和幽默"。

玛泽拉侃侃而谈："我刚工作那会儿，我的客户登记本有这么厚。"说到这里，她张开食指和拇指，比画出5厘米的距离，接着说，"那时候，有数十家妈妈用品公司和畅销商品公司制作胸衣，如今它们都消失了。许多生存下来的公司也不用真人模特了，只有几家还在坚持——例如芭里（Bali）、华歌尔（Wacoal）、媚登峰（Maidenform）、华纳（Warners）——我为所有这些公司工作。"

图 17　丽塔・玛泽拉接受女性内衣俱乐部 2002 年颁发的"女权"终身成就奖

　　说到这里，玛泽拉表示，她必须起身赶路了。"位于新泽西州的媚登峰公司急着让我过去。今天之内，他们必须决定是否开始投产一款新品，而我 1 小时才能赶到那里。投产前，他们让我过去看看。"匆匆离开时，她笑着补充了一句："有时候我感觉自己像个医生！"

度量衡一览表的阴暗面

　　如今，计量已经发挥到极致，人类可以用它来掌控世界，但仍有一系列疑虑：当代度量衡一览表也许不过是空中楼阁，它代表的也许与人们希望的相反，计量也许会反过来掌控人类。令人诧异的是，答案可能是肯定的，或者对与错兼而有之。

当代度量衡一览表和以前的各种度量衡一览表相比，区别在于两点：一则是实现了对繁复的度量衡的管理；二则，常人对它的理解虽然离日常生活越来越远，人们的常规生活却越来越依赖计量。以前，普通人真的从不接触度量衡事务，人们却普遍懂得度量衡。如今，人们已经习惯于天天使用国际单位制，懂得其基本原理的人却少之又少，除了科学家，这些原理对大多数人来说太复杂了。

称重和丈量一向有赖于可信度和专业性，而今这两项都越来越扩大化，越来越复杂。对于可信度，计量局的解释是"可追溯"，或者说，计量局公开发布的对各种计量标准的校准和比对，以及"各方一致互为认可"。具体做法是，某国家度量衡机构根据另一机构的执行情况向其颁发信任证书。然而，这些不过是度量衡领域及其机构内部对信任的各种强化，更大范围的信任必须将前边说的内容与使用称重和丈量的所有领域结合起来。

有一次，我在纽约城里的菲罗克忒忒斯中心看了个专题研讨会录像，录像带上标注了几个词："骗子、伪造、欺诈、假象"。录像中的与会者包括一位作家、一位艺术品保护专家、一位闻名世界的魔术师、一位神奇的收藏家、一位刑事调查员。在某个时间节点，为说明对计量制的信任问题，刑事调查员向与会者汇报了他以前做过的一次实验。在那次实验中，他把从亚洲弄来的几个奇怪的物件——一杆鸦片烟枪、一个铜像、一套剖腹刀——交给了一群人，然后根据这些物件的特性向那些人提了几个问题，例如，这些物件存世的时间、出处、重量、大小。为方便那些人描述其大小，他允许那些人使用他事先准备的一把尺子。接着，他让参与者为自己回答问题时的信心指数打分，分值从 1 到 100。对那些物件的存世时间和出处，参与者们回答问题的信心指数大都在 50 分到 60 分之间；不过，由于手头有了一把尺子作为参照物，回答那些物件的大小时，参与者们为信心指数打的分都在 90 分以上。然而，这名刑事调查员给他们提供的尺子并非 1 英尺长，而是比 1 英尺稍短。那把尺子是寡廉鲜耻的律师们制作的——为欺骗世人，律师们故意将尺子制作成了那样，但看起来仍然像 1 英尺长。将这样的尺子放在某个东西（例如一个伤疤、一个洞或者一个车祸现场）旁边进行拍照，看到的人必定会倾向于认为，看到的东西比实际的大，因为观看者当时依据的是自己熟悉和信任的计量标准。刑事调查员试图向在场的人表明，人们都有信任计量体系的强烈倾向。他向在场的人揭穿其中的骗局时，提了个具有共性的问题："这是不是尺子，有必要怀疑吗？"新的度量衡一览表来了，普通人距离管理和理解这一体系却越来越远，因而对这一体系的信任越发显得重要。

欧洲有一些与计量存在危险有关的民间趣闻，维托尔德·库拉的作品里有这方面的记述。捷克有个让人难忘的民间传说：六岁以下的孩子做衣服时不能用尺子测量，不然他们会变成小畜生，或者如聪明的翻译所说，变成"小精灵"。波兰诗人亚当·密茨凯维奇（Adam Mickiewicz）是库拉的同胞，库拉曾引用他的句子："罗盘、天平、尺子，只能用于无生命迹象的身躯。"[①]密茨凯维奇的意思是，有关人的生命的东西要避开计量，计量有时候确实会让人类认清自己和提升自己，但在其他场合不一定会这样，计量有时候甚至会引起混乱。读过查尔斯·狄更斯所著的《艰难时世》的读者肯定会记得书里那个干巴巴的、过分理性的人物托马斯·葛莱恩，他"时刻准备计量人类本性的某一断面的重量和尺寸，然后报出计量结果"，然而他自己的生命却无迹可寻。[②]

---

① Witold Kula, *Measures and Men*, p. 12.

② Charles Dickens, *Hard Times* (Harmondsworth: Penguin, 1969), p. 48.

在科技革命时期，通过对一系列新发现进行简单的测量，包括伽利略、哈维、开普勒在内的科学家们取得了突破性进展。这些令人诧异的成功说明，真实本身是可以测量的。人类从事测量的原因是，人们以为这么做可以更好地把握世界。这种假设深深地植根于西方人的意识里，柏拉图在《理想国》中说道：人类灵魂里最好的区域是"对计量和计算确信无疑"[①]的区域。不过，德国哲学家马丁·海德格尔（Martin Heidegger）警告过，正因为计量取得了诸多胜利，人们会认为计量是可以更好地把握世界的唯一方法。

海德格尔将眼下这个时代的主要特征称为"座架"（Gestell），翻译成英文为 Enframing，意即世界诱使人类测量它，同时鼓励人们认为用其他方法无法发现世界的意义。[②] 人类已经不再将计量当作理解世界的工具，反而更倾向于将其当作了解人类自身的工具。

---

① Plato, *Republic*, 603a.

② 参见戴维·克雷尔主编的马丁·海德格尔文集《重点作品赏析》(New York: HarperCollins, 1993) 里的《有关技术的问题》一文。考虑到近期人们就海德格尔与纳粹党有瓜葛这一严肃问题争论不休，我觉得有必要就此议题说几句。对读过海德格尔作品的人来说，他首先想告诉读者的是"自我求索"，即探索以下几点：与他人相比，我们处于什么样的地位，我们从传统中继承了什么，我们想从继承的传统中保留哪些部分，改变哪些部分。受海德格尔影响的人——包括勒维纳斯、马尔库塞、哈贝马斯——为什么都成了他最尖锐的批评者，原因正在于此。说实话，作为海德格尔的读者，如果你从未提出如下问题——就我目前继承的东西而言，我处于何种地位？——说明你还没有开始理解他。由于海德格尔与纳粹有瓜葛，人们自然而然会谴责他，这可以理解。可是，以此来质疑他的深刻见解，就不可理喻了。以道德说教谴责像海德格尔这样有影响力的人，对我们这种天赋有限的人来说，肯定是天大的快乐！不过，伦理道德议题并不意味着指出他人的错误，反而意味着提出这样的问题：怎样做对我才会更好？——这不是很个人的问题，而是如何全面理解他人的问题。认为伦理学不过是指出他人的错误，持这种观点的人不只是缺乏对他人的理解，更缺少节操。人人都清楚纳粹主义有多可怕，海德格尔卷入其中铸就的错误有多大。哲学原本就特别难理解，特别具有挑战性。对哲学的涉猎，远不仅是找个理由从一层层书架上翻出一些值得阅读的书那么简单。哲学家以及喜欢哲理思辨的人们，他们都抵制这种涉猎哲学的方式。

我认识的一位学者将海德格尔创造的词语翻译成了"设置"：当今世界是设置好了的，因而从事测量就成了认识和了解世界的途径。[①] 为成功地驾驭世界，人类必须擅长做实验和评估测量值。"设置"并非人类头脑中某种主观的东西，它存在于头脑之外的世界里，是可以遇见的；但它并非某种客观的东西，它是自然世界的一个部分，但它来自人类和自然的交互作用，是人类嵌入其中的某种东西，它隐藏于人类的态度、思想方式、相互作用里，因而它成了人类无法逃避的东西。人们理所当然地会认为，无论何时，一旦人们感到计量制在追赶人类，重新设置计量制的时机就出现了。人类做某件事的原因是，某个人在某个地点告诉他们，这么做是对的。[②]

当代文学和表演艺术充满了关于计量剥夺人性的各种描述。生于罗马尼亚的德国小说家赫塔·米勒（Herta Müller）曾在小说中为读者勾勒出一个基于真人真事的可怕的场景：故事里的主人公奥斯卡·帕斯蒂奥尔被关在苏联集中营里，那是个野蛮的地方，在那个地方，一成不变的度量衡——每天 800 克面包，每一铲煤消耗 1 克面包——决定着人们的生与死。饥饿导致了精神错乱，主人公总是在幻觉里与他称为饥饿天使的形象对话，后者总是把他的每个同伴放在一个可怕的秤上称重量。

　　饥饿天使看了看眼前的秤，开口说：对我来说，你还不够

① 指罗伯特·C.沙夫。
② 这种感觉模仿自电影《低俗小说》中的一个场景，其中一个角色朱尔斯问朋友布雷特，法国人管夹了奶酪的汉堡包叫"大芝士汉堡"，知道是为什么吗？布雷特天真地反问："是因为公制计量吗？"朱尔斯说："真该把你的大脑瓜敲开看一看！你这聪明的大笨蛋。说得不错，正是公制计量。"

轻——你干吗不松手？我说：你让我的肉体跟我作对，我已经把肉体给了你，所以我的肉体已经不是我了，我是另外的什么东西，我已经不能松手了。我再也说不清我是谁了，我同样也说不清我是什么，而你的秤揭穿了我到底是什么。……

无论谁感到饥饿，都不能谈论饿。饥饿可不像床架子，不然它会有个尺寸。饥饿也不是物体。[①]

在度量衡一览表的某些领域，人类要求严苛的精准；在另一些领域，人类仅仅满足于大致的尺寸，甚至更喜欢这样。不妨设想一下某些运动项目，决定权都交给了裁判员，而不是依靠技术手段。在橄榄球比赛中，只要在橄榄球里装个芯片，即可用全球定位系统进行跟踪，用此法测量一次进攻，很容易即可获得更高的精度。不过，这么做会改变人们业已习惯的比赛动力以及比赛精神。

度量衡一览表的另一个特殊领域涉及社会科学。按照古德哈特定律（当一个政策变成目标，它将不再是一个好的政策）的解释，一旦某个度量衡被选定为一个特殊政策的目标，它会立刻失去其度量衡价值。人们据此认识到，如果某个学校董事会将更高的全国统考分数作为提高教学水平的目标，如果某个国家将更高的国民生产总值设定为社会福利的数值，迅速提高此类数值的各种方法根本不会影响此类数值本应达到的目标，因而该度量衡不再是度量衡。还有一个受影响的领域是原子层面，在闻名遐迩的量子计量领域，人类搭建测量设备的方法必定会影响测量结果，计量会以各种诡异的方法改变被测量的东西。

以往，对使用计量制的人们而言，计量的社会功能相当透明：

[①] Herta Müller, *Atemschaukel* (Munich: Hauser, 2009), p. 87.

阿坎族度量金子时，对交易过程中的细微差异可以做到心中有数；古代中国也在不断追求度量衡的精准度；现代化之前的欧洲农民对他们测量的东西的利用潜力比谁都清楚。说到当代度量衡一览表，情况就没有那么清楚了。比方说，利用计量构建人类知识的社会影响，或者对教育机构的影响，这样的影响更加隐秘。但凡无关计量的，其重要性都会降低，但凡有关计量的，其重要性都会升高。

通过形象地对比《维特鲁威人》以及"老约和约瑟芬"，可以看到现代度量衡一览表在人和世界的关系以及人与人的关系中所扮演的角色。度量衡一览表——它善于躲在幕后，人们完全可以让它暴露在光天化日之下——把人类制造的东西、人类购买的东西、人类分类的东西，以及人类如何定义真实都具象化了。这并非是一个乌托邦，通过了解它，人类可以做好准备，以应对它掩藏的种种危险。

第十二章
尚需重新定义的千克

2011年1月24日，英国皇家学会的活动在伦敦准时开始。最后几位与会代表入座后，学会常务会长斯蒂芬·考克斯（Stephen Cox）不合时宜地说，墙上的挂钟走得"有点慢"，他保证会校准它。考克斯清楚，到会的人很在乎精准性，他们肯定会赞赏他对时间的警觉。作为世界顶尖的度量衡学者，他们这次聚在一起，是要讨论彻底改革国际计量单位统一制度，即国际单位制；也就是说，对支撑全球科学、技术、商贸的国际计量构架实施最全面的修改。

如果上述修改最终获得批准，依据基本物理常数或原子特性重新定义国际单位制的七类基本计量单位将会改变，其中最重大的变革当属千克的改变。迄今为止，这一计量单位一直由一块铂铱合金的质量来定义，那块合金保存在巴黎郊外的国际计量局内，这也是目前唯一用人造物体定义的国际单位制单位。度量衡学者希望对此做出改变的原因有很多，包括对人造千克稳定性的担忧，对质量标准更高精准度的需求，对国际单位制构架稳定性和庄严性的期盼，凡此种种，而现有的新技术似乎已经有能力提供恒久的精确度。

会议持续了两天，与会者的观点五花八门。改革背后的主要倡导者和重要推动者之一是国际计量局的前局长特里·奎因（Terry Quinn），同时他也是这次会议的组织者。"这的确是一项雄心勃勃的工程，"奎因在开幕词中说道，"如果成功，自法国大革命以来，它必将是度量衡领域最大的变革。"[①]

公制计量和国际单位制

正如本书第四章所说，法国大革命的确带来了度量衡领域有史以来最大的一次变革，它改变了法国承继的不实用的、漏洞百出的、遭人滥用的度量衡。法国革命者们强行推广法国科学院发明的、"适用于各国人民的、适用于任何时间的"、合理的、组织完善的计量体系，这一体系将长度标准和质量标准与自然标准维系在一起：米与巴黎子午线长度的四千万分之一连接在一起，千克与1立方分米水的质量连接在一起。然而，实践证明，维持度量衡与自然标准的连接不切实际。公制计量的长度单位和质量单位几乎是立刻将"真身"隐藏了起来（藏到了位于巴黎的保管地点），人类使用的是1799年保存在法国国家档案馆的人工复制品。今人拥戴的变革不过是最终实现了18世纪确立的目标——让计量标准基于自然常数。

尽管公制计量简单合理，但它在法国的落实仍然耗费了数十年时间，在法国境外的传播同样缓慢。1875年，人们见证了"米制公约"的签署，将监督公制计量的权力从法国人手里拿走，交给了

---

① Terry Quinn, opening remarks, "The New SI: Units of Measurement Based on Fundamental Constants," January 24–25, 2011, Royal Society, London.

一个国际机构：国际计量局。该协议同时启动了制造新的长度标准和质量标准——国际米原器、国际千克原器，以取代法国革命者们制造的米和千克。新标准具制作于 1879 年，1889 年得到正式认可，不过，它们是根据保存在法国国家档案馆内的米原器和千克原器校准的。

想当初，国际计量局的职责主要包括照看各种原器，为各成员国校准计量标准。不过，时间移至 20 世纪上半叶，国际计量局扩大了管辖范围，将其他计量领域（包括电、光、辐射）也收入囊中，另外，还扩大了公制计量范围，将所谓"国际通用单位制"里的秒和安培也收入囊中。与此同时，自迈克尔逊和莫莱利用领先的光干涉技术以来，科学家们测量长度已精确到能够与米原器比肩。

国际计量大会每四年召开一次，各成员国通过大会对国际计量局实施终极管理。如我在本书第十章所说，在国际计量大会 1960 年召开的第十一届大会上，出现了两项影响深远的变化。第一项变化是，利用氪 -86 同位素的光跃迁重新定义米。（1983 年，人们利用光速再次定义了米。）自此，各成员国再也不必前往国际计量局校准长度标准了，只要拥有技术，每个国家都可以造出"米"。国际米原器自此成了历史文物，如今它保存在国际计量局的一个地下室里。第二项变化是用一个更加扩大的框架替换已经扩大的公制计量，以涵盖整个度量衡领域。这个框架包括六个基本计量单位——米、千克、秒、安培、开尔文、坎德拉（1971 年又增加了第七个计量单位"摩尔"），以及基于前六个计量单位的一整套"导出单位"，例如牛顿、赫兹、焦耳、瓦特。由于新体系与之前的体系相比变化过于明显，人们给它定了个新名称，冠名为"国际计量单位统一制度"，借法文首字母简称为"国际单位制"。不过，新体系定义的千克仍然基于人造物体，即 1879 年制造的国际千克原器。

自 1960 年以来，各种改革接踵而至。随着原子钟的出现，人类具备了精确测定"原子过程"（atomic process）的能力。1967 年，人们根据原子特性重新定义了秒，即根据铯 -133 的超精细能级重新进行定义。这一策略再次涉及科学家用精确算法测定某一基本特性，然后用"拔靴法"（bootstrapping，指利用有限的样本资料多次重复抽样，重新建立起足以代表母体样本分布之新样本）再算一遍，即利用某一特性的确定值测定该特性，以便重新定义其计量单位。自此，国际单位制里的这一特性再也不能用于测量了，只能用来定义计量单位。

然而，利用自然现象定义千克的所有尝试全都遇到了顽强的抵制。实践证明，从微观世界到宏观世界，质量增值异常困难。不过，由于质量牵扯到重新定义安培和摩尔，导致重新定义更多此类计量单位的尝试全都停了下来。

1975 年，为庆祝"米制公约"签署一百周年，数百位科学家相聚巴黎；其间，度量衡学者专门探讨了这一停滞状况，为此还召开了一次冠名为"原子质量和基本常数"的大会。与会者还应邀到爱丽舍宫出席由瓦莱里·吉斯卡尔·德斯坦（Valéry Giscard d'Estaing）总统主持的招待会，随后还到埃菲尔铁塔上的儒勒·凡尔纳餐厅出席菜品丰盛的会议宴会。在宴会上致辞时，国际计量局局长让·泰里安（Jean Terrien）对与会者说，可喜可贺的事相当多，"整个世界接受了单一的计量体系，这在人类历史上还是第一次"[1]。

1975 年，全球主要国家实际上都已经强制使用国际单位制。一个重要的钉子户是美国，不过这个国家很快也会努力做出改变。

---

[1]　J. Terrien, "Constants physiques et métrologie," *Atomic Masses and Fundamental Constants* 5, ed. J. H. Sanders and A. H. Wapstra (New York: Plenum, 1976), p. 24.

（作家奥鲁尔克［P.J.O'Rourke］不无挖苦地说："毒品已经教会整整一代美国人使用十进制。"）四年前，美国国家标准局向国会提交了一份报告，标题为"米制的美国：做决定的时刻到了"，道出了改制为十进制的几个原因。1974年，美国国会通过了一项赞成十进制的立法，推动其在教育领域的应用，并于1975年就"改制为十进制法案"进行辩论。看起来，该法案很有可能获得通过。的确如此，当年年末，该提案获得通过并得到签署，还成了法律。看样子，美国的计量制终于要改为十进制了。

让·泰里安在致辞中还提到，一些计量单位已经与自然标准绑定——不过，他必须承认，千克标准是仅剩的人造标准，用自然标准取代它，目前仍然是不切实际的梦想。因此，国际千克原器仍然会继续维持现状。

变化中的标准

1988年发生了一个重大事件，人们将国际千克原器与一起存放的六个一模一样的复制品从保险柜里拿出来进行比对，后人将它们称作"定检物品"。前一次此类"核实"发生在1946年，当时人们已经在复制品中发现了差异，并将其归咎于各原器表面与空气接触导致的化学作用，或者是原本藏在金属里的空气逸出了。不过，1988年的核实结果再次让人们大吃一惊：与标准原器相比，这几个定检物品似乎在原来基础上"质量有所增加"。实际上，世界各国拥有的所有复制的原器都如此。在质量方面，标准原器与那些复制品的差异达到了50微克，或者说，达到了每年相差大约百亿分之五。出于不明原因，国际千克原器与众多一模一样的复制品之间出现了差异。

图 18　国际千克原器，存放在巴黎郊外国际计量局地下室的一个保险柜内

　　特里·奎因 1988 年担任国际计量局局长，对国际千克原器存在的明显的不稳定，他于 1991 年已经发表了一篇文章表达了忧虑。[1] 千克原器是用于定义千克的，从技术上说，这些复制品的质量确实有所增加，不过"也许更有可能的"解释为"与那些复制品相比，国际千克原器的质量在减少"（摘自奎因的文章）。也就是说，千克原器自身不稳定，其质量正在流失。将近一个世纪以来，虽然现行定义一直"在科学、技术、商业层面表现良好"，但奎因在文章里提议应该加倍努力找到一种替代方法。由于所有人造计量标准的原子结构永远处于变动中，它们在某种程度上必定会不

①　T. J. Quinn, "The Kilogram: The Present State of our Knowledge," *IEEE Transactions on Instrumentation and Measurement* 40 (1991), pp. 81–85.

稳定。人们可以通过某些方法得知和预见这种变化，有时候可以根据情况采取补救措施，但也有无计可施的时候。另外还有，每个人造物品，其特性都会因为温度变化发生细微变化。像长度计量标准一样，质量标准的终极解决方案必定是将其与自然现象绑定。问题是，技术方面能够达到吗？奎因表示，制造用来替换国际千克原器的标准的技术，对精确度的感知锐度必须达到每千克一亿分之一。

1991 年出现了两项举世瞩目的技术——均为此前四分之一世纪业已开发的技术，只是事前没有人想到可以用它们重新定义质量——为重新定义千克带来了某种可能的希望。一种方法为"阿伏伽德罗方法"（Avogadro method），另一种方法为"瓦特平衡法"（watt balance）。这两种方法可以互相比较，因为阿伏伽德罗常数和普朗克常数可以通过其他常数挂钩，而人们早已完成对其他常数数值的测定，这其中包括"里德伯常数"（Rydberg constant）和"精细结构常数"（fine-structure constant）。1991 年时，这两种方法都没有可能达到接近一亿分之一的精度，不过特里·奎因当时已经认为，两种方法或者其中之一能做到这一点已经为期不远。可惜，他过于乐观了。

球　体

通过定义质量单位，阿伏伽德罗方法将微观尺度和宏观尺度联系在一起；这相当于利用阿伏伽德罗常数维系特定数量的原子，此种方法将基本实体（比方说原子）的数量维系到某种物质的摩尔质量上——人们通常会选择 12 克碳，计算其原子数量，它的原子质量为 12——常规计算公式为 $6.022 \times 10^{23}\ mol^{-1}$。没有人会一个一个地计算原子数量，人们可以利用其他方式，例如制作足够完美的单一化学元素晶体，了解此样本的同位素丰度，以及晶体的点阵间隔及其密度。硅晶体用于此目的最理想，因为它们由半导体产业生产制造，质量极高。自然硅有三个同位素——硅-28、硅-29、硅-30，这三种人们从一开始就能特别精准地测量它们的相对比例。实践证明，测定点阵间隔相当困难，因此度量衡学者们借用了一种名为"复合光学和 X 射线干涉"（Combined Optical and X-ray Interferometers）的技术，该技术最早在 20 世纪 60 年代和 70 年代已经在德国国家标准实验室和美国国家标准局（美国国家标准与技术研究院的前身）得到应用。这一技术将 X 射线条纹（因此也与公制计量长度单位相连）与点阵间隔直接联系在一起。关键步骤是，利用 X 射线计量摩尔干涉条纹（Moiré interference pattern）——此种条纹由两种不同的波形叠加而成——生成于人们称为"薄片"的三层非常薄的晶体切片。只要其中一层切片与激光光学干涉仪同步，然后慢慢移动它，即有可能将摩尔干涉条纹的间隔与激光光学频率联系在一起。20 世纪 80 年代初，在一段时期内，前述两家机构测定的结果有百万分之一的整数差异。这一恼人的差异最终得到了解释，它是由美国国家标准与技术研究院设备的误差引起的，这也让人们懂得了如何避开此类设备的系统误差。

最终结果证明，不稳定源涉及硅同位素的成分测定，而且此种不稳定极难克服，这似乎阻碍了人类的进程。测定阿伏伽德罗常数时，人们力求达到更高精度，误差大约在千万分之三以内。2003年，第一次测定结果出炉时，与"瓦特平衡法"测出的结果相差了百万分之一还多。对于差异来自实验中使用的自然硅同位素成分测定这一点，人们深表怀疑。德国国家标准实验室团队的负责人彼得·贝克尔（Peter Becker）当年走了一次好运，一位原民主德国科学家问贝克尔，有无可能用浓缩硅试试，此人与苏联人曾经用来做铀分离的离心机技术有关。使用纯硅-28 样本，肯定能消除人们当

图19　即将用于定义千克的高精度硅球，预设的方案为利用普朗克常数

时认定的主要误差源。意识到这一点后，贝克尔和同事们立即抓住了机会。2003 年，对于单一实验室来说，购买此类样本的代价显得过于高昂——5 千克材料耗资 200 万欧元，但从世界各地赶来参与阿伏伽德罗项目的代表们仍然决定集资购买样本，组建国际阿伏伽德罗协作组织。贝克尔在德国国家标准实验室坐镇指挥，将纯度鉴定、点阵间隔、表体测量等任务分包给了其他实验室。

　　最终结果是，他们制作出了两个漂亮的球体。"看起来我们做出的真像是又一个人造千克标准具，但这正是我们眼下尽力避免的。"彼得·贝克尔在英国皇家学会 1 月大会上的发言中说道，"实际情况并非如此，这球体仅仅是用于计算原子的一种方式而已。"①

①　来自 2011 年 1 月 24—25 日在伦敦对彼得·贝克尔的采访。

天　平

重新定义千克，第二个步骤涉及一种形制奇特的天平。一般来说，用普通天平称重，就是用一种重量比较另一种重量——比方说，用一袋苹果与人们知道重量的另外的东西比较——而瓦特天平比较的是两种力：某一物体的机械重力和置于强磁场中的带电线圈的电力。[①]

关于瓦特天平，最神奇的是，它的应用依托于好几项令人称奇的发现，没有一项发现与试图测定质量的科学家有关。其一是"约瑟夫森效应"（Josephson effect），它可以精确地测量电压；其二是"量子霍尔效应"（quantum Hall effect，1980 年由克劳斯·冯·克里津发现），它可以精确地测量电阻；其三是平衡机械力和电功率概念，这一概念源自 1975 年在英国国家物理实验室工作的布里安·基布尔（Bryan Kibble）。实际上，当年他正在尝试测定质子的电磁特性。[②] 如今，前述三项发现可以用如下方式结合在一起：千克可以借助普朗克常数进行测定，而这一数值反

---

① 某一物体的机械重力（$F=mg$）等于置于强磁场中的带电线圈的电力（$F=ilB$），这里的字母"i"代表线圈里的电流，字母"l"代表线圈的长度，字母"B"代表磁场的强度。人们将这一装置称作"瓦特天平"。

② 大约在 1978 年，布里安·基布尔和同事伊恩·罗宾逊在英国国家物理实验室造了个天平。20 世纪 70 年代末，他们的测量精度已经达到千万分之几，一些国际委员会将这些测量结果与世界各地的测量结果综合到一起，随后用其修订了约瑟夫森常数"$K_{J\text{-}90}$"的常规数值，促使全世界都认可了伏特测量值。与此同时，美国国标局的科学家们也在使用一个天平提升人们对"国际单位制"伏特的认知。因为电力是用瓦特测量的，美国科学家们将这个天平命名为"瓦特天平"，这个名字迅速火了起来。

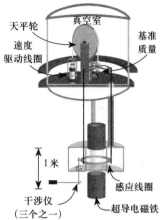

图 20　瓦特天平，此为将千克与普朗克常数 h 相连，利用自然常数定义千克的设备。人们将一块 1 千克的测试物质放到天平的秤盘上，秤盘与一盘环绕超导电磁铁的线圈相连。与电动机工作原理一样，如果此时给线圈通电，线圈会产生电磁力，以平衡测试物质的质量。这样一来，此设备即可测出电流和电磁力。此设备的线圈可以垂直移动，如此可像电动机一样引起电压变化，凭此即可测出线圈的速率和电压。通过前述四项测量值，人们得以确定机械力和电功率之间的关系，而这种关系可与大自然的其他基本特征相结合，以便借助普朗克常数重新定义千克

映的是可以独立存在的最小量的"能"的大小。借助"拔靴法"，整个进程原则上可以颠倒，普朗克常数的一个特定值可以用来定义千克。

　　英国科学家迈克尔·法拉第（Michael Faraday）通过其举世闻名的作品《蜡烛的化学史》（*A Chemical History of the Candle*）颂扬了蜡烛的美，通过操作蜡烛即可将当年已知的所有基本物理法则交织在一起，包括万有引力、毛细管作用、相变（phase transition）。同样的颂扬也可以安放在瓦特天平上，虽然它看起来不如抛光的硅球漂亮，它却将复杂的物理平衡状态——包括弹性、固体物理学、地震学——与诸如电磁学、超导电性、干涉法、重力分析、量子论

相结合，其形态同样展示了大美。

迈向"新国际单位制"

随着 21 世纪的到来，阿伏伽德罗方法和瓦特天平的精度双双达到了千万分之几，这距离特里·奎因预期的目标一亿分之一还差一大截。2003 年，奎因卸任国际计量局局长职务，尽管如此，他决定继续推进重新定义计量单位。2005 年初，他与别人合写了一篇文章，标题为"重新定义千克：做决定的时刻到了"，其中的副标题取自 20 世纪 70 年代美国国家标准局的报告（当时看，这颇具讽刺意味），该报告预计，美国很快将改制为十进制。（美国从未改制，随着计算机的普及，英制计量到公制计量的转换变得非常容易，外加美国政客们唯恐与改革沾边，近期美国也没有任何改制的可能。）当时，瓦特天平和测定硅的结果之间，其差异明显超过百万分之一[①]，尽管如此，两位作者在文章里表示："可以看到的是重新定义千克的各种有利条件战胜了各种显而易见的不利条件。"他们对于 2007 年举行的第二十三届大会能够批准重新定义千克这一点信心十足，这种信心导致他们在国际计量局正式印发的国际单位制宣传材料的"附录 1"里加入了新定义。不仅如此，他们还希望利用物理常数或原子特性定义国际单位制七大类基本计量单位里的每一类计量单位。2005 年 2 月，奎因在英国皇家学会召开了一次会议，向科学界介绍他们的计划。

[①] T. J. Quinn et al., "Redefinition of the Kilogram: A Decision Whose Time Has Come," *Metrologia* 42 (2009), pp. 71–80.

国际单位制与新国际单位制

基本单位量	基本单位	符号	参考值（利用现行国际单位制）	参考值（利用新国际单位制）
时间	秒	s	hyperfine splitting in Cs-133	hyperfine splitting in Cs-133
长度	米	m	speed of light in a vacuum c	speed of light in a vacuum c
质量	千克	kg	mass of International Protorype Kilogram	Planck constant h
电流	安培	A	permeability of free space	elementary charge e
热力学温度	开尔文	K	triple point of water	Boltzmann constant k
物质的量	摩尔	mol	molar mass of carbon-12	Avogadro constant N_A
发光强度	坎德拉	cd	luminous efficacy of a 540 THz source	luminous efficacy of a 540 THz source

与会者反应各异，从冷漠到敌对，什么都有。一位与会者说："我们事前对此一无所知。"在 2005 年那次会议上，拟议中的改革提案不够详尽，现行人造体系达到的精度远比两项新鲜出炉的技术达到的精度高许多，因而许多人认为，没有必要做出改变。这不仅是因为阿伏伽德罗方法和瓦特天平方法取得的进展尚不稳定，与特里·奎因 1991 年制定的目标差了至少一个数量级，之前提到的百万分之一的差异也必须加以考虑。尽管如此，奎因的想法还是站住了脚。2005 年 10 月，国际计量局的上级单位国际度量衡委员会接受了一个"提议"，内容包括正式接受 2005 年报告中提出的重新定义千克，甚至进一步包括利用基本物理常数（普朗克常数 h、基本电荷 e、玻尔兹曼常数 k、阿伏伽德罗常数 N_A）重新定义四类基本计量单位（千克、安培、开尔文、摩尔）。奎因和数位同事于 2006 年发表了第二篇文章，他们在文章里提出了几项具体建议，意在落实国际计量局的"提议"；不过，他们的目标不是 2007 年。

他们提议在 2011 年第二十四届大会上出台个决议，利用全新的信息和技术落实前述提议。

2006 年以来，前述两种方法终于实现了决定性进展。早在 2004 年，人们在圣彼得堡生产出了"四氟化硅"形态的浓缩硅，随后在下诺夫哥罗德的一个实验室将其转换成一种多晶硅。人们将其运往柏林，于 2007 年在那里制造出一根 5 千克的硅 -28 单晶棒。人们将这根单晶棒送往澳大利亚，在那里制作出两个抛光的球体，然后将两个球体先后送往德国、意大利、日本以及国际计量局进行测定。2011 年 1 月，国际阿伏伽德罗协作组织发布了一种新的测量方法，测定结果的不确定性仅为 3.0×10^{-8}，差一点点就够着了目标。作者们在文章里表示，结果是"成功地向人们演示基于固定的 N_A 或者 h（阿伏伽德罗常数或者普朗克常数）值定义千克"；作者们还宣称，这已经是"对千克进行全新定义时最准确的输入数据了"。[1]

瓦特天平技术也在稳步推进，瑞士、法国、中国、加拿大以及国际计量局都在开发设计迥异的装置，结果显示，人类控制不确定性的能力已经达到小于千万分之一。大家的主要问题是"校准"，线圈产生的力和它的速度必须小心地与重力保持一致。总不确定度数值越低，做到前述结合越困难。前边说的百万分之一的差异已经能控制在千万分之一点七左右，已经非常接近目标。然而，这仍然不够。

对拟议的调整计量单位一事，上述结果改变了人们的态度，直接导致从事度量衡研究的群体近乎一致地认为，重新定义计量单位不仅可能而且大有希望。国际计量局的一个顾问小组已经为重新定

① B. Andreas et al., "Determination of the Avogadro Constant by Counting the Atoms in a [28]Si Crystal," *Physical Review Letters* 106, 030801 (2011).

义计量单位设定了标准：至少应当进行三类不同的实验，每一类至少进行一次试验，不确定性应当在一亿分之五以内；至少一次实验的不确定性应当在一亿分之二以内；必须承诺所有实验结果的信心指数高于95%。眼下所有新技术尚不能提供更高的精度，不过，新技术可以提供更高的稳定性。从长远看，瓦特天平的不确定性很可能会降低到一亿分之一以内，甚至会低到十亿分之几。眼下，测定质量的可比精度已经达到百亿分之一，不过最低的不稳定性是国际千克原器相关质量的十亿分之几。

实际上，特里·奎因及其同事们草拟提议的目的不是要重新定义千克，而是要引起大家的关注——人们有这么做的意愿。他们将拟议中的体系称作"新国际单位制"。他们提议一次性解决用常数重新定义千克和重新定义其他基本计量单位。重新定义千克问题最多，它需要借助更多的技术进步和科学信息；另外，重新对其定义还与安培和摩尔挂了钩。原则上说，重新定义开尔文可以独立进行，不过，国际计量局的官员们认为，由于教学和管理等原因，最好对全世界的度量衡体系进行一次全面的改变，而不是一项一项单独进行改变。

国际单位制和新国际单位制对千克的定义

国际单位制的定义："千克是质量计量单位，等于国际千克原器的质量。具体规则为，国际千克原器的质量永远都是恰好1千克，标记为 $m(K)$。"

新国际单位制的定义："千克是质量计量单位，标记为kg；它的量级通过固定普朗克常数的数值确定，恰好等于 $6.626068... \times 10^{-34}$，标记为 $s^{-1} m^2 kg$，也即等于 $J \cdot s$。"此处的省略号表示具体数值尚待最终敲定，此定义同样有待具体技术的（实施），借助该技术才能实现定义。

这些技术进步鼓起了特里·奎因重新组织一次会议的决心。这一次，他和其他组织者制定了完善的策略，出席 2011 年 1 月英国皇家学会会议的一百五十位与会者包括三位诺贝尔奖获得者，他们是实验室天体物理联合研究所的约翰·霍尔（John Hall）、美国标准院的比尔·菲利普斯（Bill Phillips），以及克劳斯·冯·克里津。今后人们不会再次测定这些物理常数了，因为在国际单位制里，它们的数值已经固化。另外还有，在组成方式和表达方式上，它们的定义相似，与物理常数的关系已经表示得非常明确。这些定义指的是什么，文字表达已经说清楚了，即某一计量单位与自然常数绑定究竟意味着什么。因而，这些定义在概念方面都很精致。

一句话说清所有新国际单位制的定义

"国际计量单位统一制度"是个计量单位体系，简称"国际单位制"，包括以下内容：

● 铯 -133 原子基态超精细分裂频率为 9192631770 赫兹，用 Δv $(^{133}\text{Cs})_{\text{hfs}}$ 标记；

● 光在真空中的速度为每秒 299792458 米，用字母 c 标记；

● 普朗克常数值为每秒 $6.626068... \times 10^{-34}$ 焦耳，用字母 h 标记；

● 元电荷为 $1.602176... \times 10^{-19}$ 库仑，用字母 e 标记；

● 玻尔兹曼常数为每开尔文 $1.38065... \times 10^{-23}$ 焦耳，用字母 k 标记；

● 阿伏伽德罗常数为每摩尔 $6.022141... \times 10^{23}$，用 N_A 标记；

● 频率为 540×10^{12} 赫兹的单色光辐射的发光强度为每瓦特 683 流明，用 K_cd 标记。

从事度量衡研究的群体数量庞大，类型繁杂，不同群体对前述提议有不同的看法。从事电气计量的人热情高涨，如今，这个行业的科学家最常用的普朗克常数和基本电荷数值已经有了精确的测定值，应用也变得更加容易。不仅如此，由布里安·基布尔装置导入的最实用的电计量单位和国际单位制电计量单位之间的分歧也彻底消除了。开会期间，这一领域唯一的反对意见来自克劳斯·冯·克里津，他亦庄亦谐地抗议说："救救冯·克里津常数吧！"他指出，二十年来，因他得名的常数（游离于国际单位制以外）25812.807欧姆既好记又好用，如今有了新数值反而变得既长又不实用。他进一步引用了马克斯·普朗克（Max Planck）的说法："人类借助基本物理常数才得以设定长度、时间、质量、温度等计量单位，保持它们的稳定的重要性不言而喻，对所有国家均如此，甚至对非世俗的和非人类的国家亦如是。"[1]

质量测量群组的情况相对没有那么乐观。与直接测定常数值相比，测定质量的人们如今可以用高出一个数量级的精度——十亿分之一——来比较质量。因而，与当下应用的定义相比，新定义似乎会给质量测量带来更多的不确定性。如果人们以前必须小心翼翼地寻找才能查证精确测定某质量的出处，如今人们在不同国家的实验室里即可实现复杂的实验。国际计量局质量科前科长理查德·戴维斯（Richard Davis）是这样评价国际单位制的："它必须像夏克式家具那样，不仅好看，还要实用。"不过，倡导重新定义计量单位的人们指出，类比测量掩盖了现行人造千克标准的不确定性，因而最终没有人提到不确定性。特里·奎因的说法是："不确定性让人

① M. Planck, "Über irreversible stralungsvorgänge," *Annalen der Physik* (1900).

雪藏了。"

对计量感兴趣却没机会出席会议的群体是学生、教育家，以及有兴趣了解度量衡的一些社会公众。1960年，国际计量局成立，随后《芝加哥每日论坛报》曾经抱怨说，基本计量问题理应简单，让普通人也能理解，如今却变得越来越复杂，变得唯有科学家才能理解。对学生们而言，科学引人入胜的原因之一是其概念和实践清晰可辨；或者说，此即科学的目标。然而，如今除了圈内人，新国际单位制似乎让度量衡超出了所有人的理解范畴。哀哉！鲜肉铺和杂货铺的经营者们，他们无法精通量子力学！新国际单位制开始生效后，一定会有人冷嘲热讽。

不管怎么说，每个时代的人都把当代计量标准构建在已知的最坚实的基础上。令人高兴的是，21世纪的人将量子也囊括了进来。在出席英国皇家学会会议的人群里，没有人在原则上反对人类最终一定会用普朗克常数重新定义千克。比尔·菲利普在某次讲话中说道："我们正在改变千克的质量，因而也在改变宇宙中其他所有东西的质量，这种说法纯属谣言。"[1] 一些人担心，科学家们似乎无法探测某些基本常数是否正在改变数值，另一些人指出，这类变化通过其他方式可以探测出来。不过，令许多与会者不安的是，阿伏伽德罗小组和瓦特天平小组得出了两组不同的测量值，而且双方未能达成足够的一致，对人类试图获取单一数值来说，这或许称不上严重障碍，不过这的确是个问题。理查德·戴维斯引用了一个古老的关于度量衡的谚语："有一只手表的人知道准确时间，有两只手表的人反而不知道准确时间。"

---

[1] "The New SI: Units of Measurement Based on Fundamental Constants," January 24–25, 2011, Royal Society, London.

特里·奎因信心满满地认为，这些分歧几年之内便能化解，但如果无法化解分歧，那该怎么办？由于前述分歧涉及的精度误差等级微乎其微，不会影响测量实践，奎因希望排除万难，全力推进重新定义计量标准。一些人提出反对意见，担心会出现次生效应，例如法制计量学（legal metrology），这涉及写入国家和国际协议里的法律规则。（某人提到，度量衡学者们很容易即可说服律师们根据冷冰冰的科学数据修改文件，听到这一说法，在场的人窃笑起来。）另有一些人担忧，某一数值尚未成熟即已固化，成为度量衡体系和诸多计量实验室的观念，将来一旦出现更好的测量值，质量标注值就必须调整。英国国家物理实验室主任布赖恩·鲍舍（Brian Bowsher）提到，当前人们在热议气候变化时，那些怀疑论者对所有测量值的微小不确定性毫不手软；他强调，重要的是"民众必须对测量值最终的正确性有耐心"。

将新国际单位制美誉为法国大革命以来最大的社会变革，未免过于夸张。毫无疑问，1960年出现的国际单位制是一场巨变，因为它引进了新的计量单位，并且第一次将现有计量单位与自然现象绑定。各种新变化对计量实践的影响同样微乎其微，影响深远的是教育变革和观念变革。然而，新国际单位制的确带来了度量衡地位的变革。新国际单位制创立于1960年召开的第十一届国际计量大会，当时人们将度量衡学看作科学界的一潭死水，它几乎就是个服务行业。计量学家搭台，科学家在台上表演，计量学家负责搭脚手架，即一套养护完好的计量标准和计量设备，以及一个监管到位的建树信任的体系——让科学家能够从事研究。新国际单位制及支持它的各种技术将度量衡学和基础物理学更加密切地联系在了一起。

2011年10月21日，第二十四届国际计量大会一致通过一项决议，明确表达了实施新国际单位制的愿望。后来又在决议里追加了几句话，要求国际计量局继续努力，竭尽全力将新国际单位制尽可能表达得让普罗大众也能明白，同时保证科学的严谨性和明确性。决议并没有真正用普朗克常数重新定义千克。不过，决议明确规定说：一旦各方有了一致的和精确的信息，存世的信息足以让科学家们同意接受某普朗克常数的值，随后即可以此为基础形成最终决议。

从宽泛意义上说，新国际单位制类似于本书《引言》介绍的"正午的炮声"，其中列明的计量标准与传统标准一脉相承，这是人类选择的结果。比方说，这一计量制依旧保留了"一只最关键的乌龟"，实际上是七只乌龟，每一类基本计量单位是一只乌龟。然而，这些关键的乌龟——无论是物理常数还是原子特性——都是21世纪以来科学和技术取得巨大发展的结果，比以往任何时候都更加抽象，也更像人类规划出的构思缜密的产品。和以往的标准相比，这些标准更加紧密地交织进了构成世界的经纬里。毫无疑问，为适应科学变化，新国际单位制还会增补许多衍生的计量单位；为适应人类日常生活的种种需求，也会自然生发出许多伴生的类似国际单位制的计量单位。未来，新国际单位制有可能进一步修改。不过，这一崭新的计量体系已经与人类对物理世界终极构成的最为透彻的认知挂了钩，这是前无古人的。这一体系的志向可谓惊天动地，数世纪以来，人类一直梦想实现它。

尾　声

　　　　　幽幽黄黄金盏花，

　　　　　匆匆爬过吊死鬼，

　　　　　像算数用尺丈量，

　　　　　再见了鲜花亮蕊。

　　　　　幽幽黄黄金盏花，

　　　　　匆匆爬过吊死鬼，

　　　　　像是要停下脚步，

　　　　　迷离中满眼祥瑞。

　　　　　　　　　——歌词作者：弗兰克·莱塞

　　　　　　　　　　　（Frank Loesser）

　　古希腊哲学家柏拉图指出，计量方法有两种，它们截然不同。本书探讨的是其中一种，涉及数字、单位、磅秤，还有起点。计量行为要确立的是，某一属性比另一属性更大或者更小，再或者，根据某个东西特定属性的"量"，为其分派一个数字。我们可以将此称作"实体"测量，"实体"是哲学家的用语，用来指称真实的、独立存在的物体或属性。本书讲述的内容涵盖了实体测量如何从随机的身体测量以及互相没有关联的人造计量物测量进化成单一的、通用的体系，将众多不同类型的测量互相关联，最终将所有测量绑定到绝对计量标准，即物理常数。

另一种计量不需要人类将自己置身于量具旁边或秤盘上，也即柏拉图指称的那种由"适当的"或"正确的"标准主导的计量。这种计量与其说是一种行为，莫如说是一种体验，即人类做过的事总是少于能够做成的事和应当做成的事，我们亲自动手做也概莫能外。人类不可能遵循一定之规实现此种测量，而且此种测量本身并不具备量化标准。难道这仅仅是"隐喻性的"测量？这是与计量标准无关的一种比较。将人类的种种行为——甚或人类自身——放置到适当的或正确的样本旁边，人类的行为就显得不够，需要做更多才是。通过计算，人类会感到自身的潜能远未发挥。大家可以将此称作"本体"测量，哲学家利用词语"本体"描述事物的存在方式。

用毫无想象力的话说，本体测量无关任何特定属性，因为它并不涉及任何量化的东西。即便人类使出浑身解数，也无法达成这样的计量。本体测量将人类与某种超人类的东西相连，"那东西"人类只能参与其中，无法凌驾其上。做实体测量时，人类将一个物体与另一个物体之外的东西比较，做本体测量时，人类拿自己或自己生产的某种东西与人类自身包含其中的或与其有关的东西比较——例如某种良好的、公正的、美丽的观念。本体测量是无法用实体测量计量的。

对众多信教者来说，我们人类过的往往是不完美的生活，我们没有追求。远古时期的学者们尤其坚信，计量人类潜能的标准确实存在，人类可以找到此种标准，将它们当度量衡使用。亚里士多德在《尼各马可伦理学》（*Nicomachean Ethics*）第九卷里将具有道德的人称作"度量衡"。他这么做，并不意味着让人们拿自己与具有道德的人实实在在地或象征性地对比，而是说，当人们遇到真正有道德的人时，"会受到感召"，往往是非常强有力的感召，让人们希望自己变得更好。

本体测量是那种受到好榜样感召的测量。文学和艺术史满满都是伟大的作品，每一位艺术家都能体会到诸多测量其成就的无形的尺子。那些来自过去的伟大作品在大声召唤当今的艺术家去做更多的事情。传统在改变，同时改变的还有人们对好与坏的判断。不过，各种传统形成了一种具有验证性质的衡量标准，艺术家在其中体会到一种可以测量身边事物的"度量衡"，以区分好与坏、原创与模仿、激情满满与冰心寂寂。

有一种方式涉及本体测量，哲学家常常将其描绘成"良知的召唤"，可以说是古老的精神意念——"恢复本真自我"的世俗变体。像其他形式的本体测量一样，良知要求人们敞开胸怀，将"我能变得更好"张嘴说出来，还要求人们敞开胸怀，体验自身在本体方面的缺失，这一充满正能量的事[1]！这是伦理学的基础。一旦人类缺失了那种感知——比方说，明白了伦理存在于简单的守规矩这一行为之中——此类行为与真正的伦理几乎就没有什么关系了。人们明白，这些规矩实际上是道德规矩，为什么还要选择它们？因为别人让我们这么做吗？其实，这仅仅是因为人们早就知道本体缺失会有什么结果——人类已经体验过这种情况——而且早就知道这些规矩

---

[1]　Steven Crowell, "Measure-taking: Meaning and Normativity in Heidegger's Philosophy," *Continental Philosophy Review* 41 (2008), pp. 261–276.

会帮助引领人们趋向此类行为，让后来者因他们而向善。

艺术家——其实也包括工程师、教育家、商人、法官，以及其他行业的从业者——长期以来一直在实践前述两种测量，不过，这两种测量往往难以区分，也常常带来恶果。斯蒂芬·杰伊·古尔德的著作《测量人类之谬误》（*The Mismeasure of Man*）论述的是这样一种谬误："智力是唯一的定量，仅需测量智力，即可为个人和族群标明数值。"莎士比亚的戏剧《一报还一报》——基于《马太福音》，"你们不要论断人，免得你们被论断。因为你们怎样论断人，也必怎样被论断；你们用什么量器量给人，也必用什么量器量给你们。"——表现的是，为了让自己成为真正意义上的完人，人们需要借用文字体现法律计量，整合移情和同情。道德思维首先需要辨明实体测量和本体测量之间的区别。

马丁·海德格尔特别喜欢引用诗人弗里德里希·荷尔德林（Friedrich Hölderlin）广为人知的说法："这世上真有度量衡吗？根本没有。"[①] 这句话说的是当今世界已经渐渐改善和完善了实体测量，反而弱化了测量本体自我的能力。怎么会发生这种事？

原因是，实体计量有可能干扰本体测量，甚至对本体测量有侵蚀作用。古代学者弗拉维奥·约瑟夫斯（Flavius Josephus）谈到亚当的孩子该隐时说："他在人类从前生活的地方还引入了一种变化，让事情简单化了，正是他发明了称重和丈量。然而，人们对这类技艺一无所知时，还能生活得无忧无虑和丰富多彩，而他的发明让这个世界充满了诡计多端的欺诈。"[②] 约瑟夫斯的言外之意是，在生活

[①] Friedrich Hölderlin, "In lovely blueness ..." in *Höderlin*, trans. Michael Hamburger (New York: Pantheon, 1952), pp. 261–265, at p. 263.

[②] Flavius Josephus, *Antiquities of the Jews*, book 1, chapter 1, "The Constitution of the World and the Disposition of the Elements," www.earlyjewishwritings .com/text/josephus/ant1.html.

中使用计量，一定意义上等于让人们都成了骗子。引入计量前，人类比现在好得多。

在人类的日常生活中，计量能力和新计量工具似乎正处在持续增长中，而且，看样子也臻于完美。一家名为"量化自我"的网站自我标榜可以向人们提供"各种了解自己头脑和身体的工具"。这些工具无非是搜集信息的手段，信息即是人们从事下列活动耗费的时间：工作、吃饭、睡觉、担忧、性活动、打扫卫生、喝咖啡，以及日常生活的方方面面。"在量化自我形成的诱惑背后，"该网站联合创办人在《纽约时报》发表的文章中说道，"有一种观点认为，人类的许多麻烦仅仅缘于缺少相应的仪器来详细地了解自己。"[①] 幸运的是，不久后，在这个高速发展的、迅速变化的世界里，人类一定可以量化生活里的每个细节，再也不会含糊了。计量将成为认识自我不可或缺的工具，计量工作做得越好，人类对自身的了解也会越透彻。

我看过一盘 40 分钟的录像带，内容是美国艺术家马莎·罗斯勒（Martha Rosler）推出的表演艺术《唾手可得的公民的重要统计数据》（*Vital Statistics of a Citizen，Simply Obtained*），该剧将计量描述为彻底丧失了人性的行为，这与前述说法形成了鲜明的对比。录像的主要内容为：两个穿白大褂的男人为一位三十三岁的女性做测量，其中一个男人做测量，另一个男人做笔录。一开始，他们让那位女性伸展四肢靠墙站立，根据测量值为其画了一幅《维特鲁威人》那样的人形图。然后，他们让她一件件脱掉身上的衣服，以便更深入地测量她身体的各个部位，剧情在测量"阴道深度"时达到高潮。他们让她横躺在按测量值画出的人形图前边，随着测量的

---

① Gary Wolf, "The Data-Driven Life," *The New York Times Magazine*, April 28, 2010.

尾　声

265

进展，每测完一个数值，一个男人总会随口跟进一句"低于标准"（此时背景音里会出现嘲笑的声音）、"高于标准"（此时背景音里会出现蜂鸣音）或"符合标准"（此时背景音里会出现赞叹的声音）。与此同时，一个女性画外音会借助"启示录"那样的语句描述剧情进展，其中提到的词有：强奸、羞辱、堕落、利用、优生、暴政。画外音还说，这位女性被灌输了这样的思想：管理自己的人形图，**将自己的身体当作零部件，完全忘却自己**。画外音还引用了哲学家让 - 保罗·萨特（Jean-Paul Sartre）的话，大意为："人类有能力让具体的东西抽象化，邪恶正是这一能力的产品。"两个男性测量员和那位女性做完前述事情后，那位女性根据两种不同剧情的进展穿上衣服：其一为，穿上一套戴面纱的结婚礼服；其二为，穿上当时流行的紧身黑色套装。穿礼服的结局为，那位女性返回墙边，庄重地、温顺地站在按测量值绘制的人形图旁边；穿黑色套装的结局为，她往相反方向跑出了画面。录像的结尾是，两位男医生开始召唤排队的女性："下一位！" [①]

人们在此看不到一丁点儿的含糊其辞。计量对人类也存在坏处，而且不仅仅是因为将精度放错了地方。正所谓乐极生悲，计量不仅仅存在危险，它本身还是压抑的工具，它摧毁人类的自我，至少它摧毁女性的自我。显然，男性从最初就没有自我，或者说男性早就把自我抛弃了。对仍然拥有自我的人而言，最好主动放弃计量。

马丁·海德格尔认为，"场景设置"意味着人类从事测量所处的环境并非中性环境。在当代氛围里从事计量，往往会让人晕眩和

[①]　关于此录像带的内容，某网站介绍说："马莎·罗斯勒不动声色地描述了这种系统的、常规的'科学'测量和分类，意在让人们回忆军队或集中营那种让人难以忍受的策略，同时也是在强调，定义女性存在意义的标准也应当国际化。"（罗斯勒的网站是：www.eai.org/Title.htm?id=2599）

走神。多数时候人们往往不会关注正在测量的东西，以及为什么要测量它，只会关注测量本身。毫无疑问，测量是管用的，会帮助人们解决问题，不过，就当代度量衡一览表来说，它会让人们以为人类可以借助它搞定一切。政策问题或重要决定——例如"我们是否应当炒老师们的鱿鱼？""我到底该选哪所大学？"——总是会根据计量标准来做决定，例如"我的大学入学考试分数是多少？"再如"这所大学排名怎么样？"

《维特鲁威人》是个完美的人体形象，是一种将人类与美丽、完善以及其他超人类目标维系在一起的东西。奔向超人类目标的过程中，各种度量衡最多只能起到指路牌的作用。"老约和约瑟芬"是完全不同的东西，它们不过是人体模型，意在让设计师们创作人和自然相结合的作品时能更加高效。这种场合用不上超人类目标，"老约和约瑟芬"存在的目的是，让世界满足人类。定装公司为我制作的"阿凡达"远不能和《维特鲁威人》相提并论，甚至也不能与"老约和约瑟芬"相比。它是作为消费个体的我用来购买衣服的一种手段，对我的身体而言，它承载的计量值堪称完美。它孕育的既不是对美的赞誉，甚至也不是重建世界的效率，而是消费主义以及我个人的主观意愿。

人类怎样才能识别实体测量和本体测量之间的区别，防止它们之间互相侵害呢？

一种办法是查一查借助当代度量衡一览表测出的各种数值还缺少什么，前提是确实有缺失。如今人类有了"阿凡达"，还有会动的"阿凡达"，还有可以从背后观察穿衣效果以及衣服被树枝挂住的会动的"阿凡达"，人们在陈列室里甚至在家里即可看到这些。因而，人类的衣装是否比以前更合身，或者，这些令人愉悦的新玩意儿是否让人们往这方面想过？由学校主导的各种考试是否让学生们变得更聪明了，受教育程度更高了，或者，让人们以为已经知道如何评估教育了？有能力计量微量有毒物质会否让人类更安全？或者，仅仅为了让人类感到更安全，引领人类毫无必要地花费巨额经费，铲除有毒物质。如果人们稍加留意就会发现，即便有了当代度量衡一览表，计量也不会将人类以后的生活——还是那个问题，"人类为什么要测量？"——永久性地推离舞台中心。

就当代度量衡一览表而言，人类必须比以往更加仔细地关注试图利用计量达到的目的，而非仅仅关注计量本身。人类必须比以往更加仔细地聚焦自身的不满，聚焦计量无法实现的事情；另外，人类还必须处理这些不满。这并不意味着要抛弃现有的度量衡，去试着寻找一些更新的、更好的度量衡，因为这些到头来同样无法满足人类的需求，到头来同样必须放弃；也不能心存侥幸地认为，人类追求的东西会"超越"计量。实际上，当代度量衡一览表要求人类更加仔细地去发现局限性，当前的计量在什么地方无法实现什么。

在因当代度量衡一览表而关注实体测量和本体测量之间的区别时，不能简单地考虑诸多个人的计量行为是如何实施的，而是要考虑度量衡一览表本身，以及它给人类带来了什么。即便人们将"正午的炮声"与绝对的计量标准绑定，人们事后仍然需要不断地提醒自己，出于人类自身的原因，人们才创建了它；同时也要考虑，度量衡一览表是否会干扰人们创建它的初衷，前提是这种干扰确实存在。人们可以小试牛刀，用挖苦计量逻辑的态度嘲弄一下自己，用符合哲理的态度教训一下自己。更为重要的是，人们要不断地向他人讲述计量的历史，还需要不断地提醒自己，当代度量衡一览表是怎样诞生的，其他选项是什么，人类过去为什么会拒绝这些，人类从中得到了什么，还有，如果拒绝这些人类会失去什么。

致　谢

　　如同我以前出版的两本书《棱镜与钟摆：科学界最美的十项实验》（*The Prism and the Pendulum: The Ten Most Beautiful Experiments in Science*）和《伟大的方程：自毕达哥拉斯到海森伯的科学突破》（*The Great Equations: Breakthroughs in Science from Pythagoras to Heisenberg*），本书也诞生自我为《物理世界》杂志主笔的一个专栏。该杂志长期坚守既迎合读者又迎合作者的办刊风格。让我对本书主题产生兴趣的第一人是该杂志编辑马丁·杜兰尼（Matin Durrani），当年他说，科学杂志收到最多回馈和引发最多争议的两个主题是宗教和计量单位。本书第二章、第八章、第十二章的材料分别基于我在该杂志 2011 年第七期、2009 年第十二期、2011 年第三期首发的文章。在此，我还要感谢该杂志副主编丹斯·米尔纳（Dens Milne），以及我主笔计量单位和度量衡专栏期间给我写信的数百位人士。我尤其感谢本书编辑，美国诺顿图书出版公司的玛丽亚·瓜尔纳斯凯利（Maria Guarnaschelli），本书早期手稿经数次修改，而她多次深思熟虑地通读了初稿。度量衡研究杂乱无章，如何才能成为引人入胜的故事，我苦于找不到出路，多亏她的智慧，帮助我研判出应当在哪些章节循循善诱，在哪些章节坚守底线。我还要感谢助理编辑梅拉妮·托尔托萝莉（Melanie Tortoroli），在她的引领下，本书手稿得以顺利通过。要感谢的还有文字编辑卡罗尔·罗斯（Carol Rose），当然还要感谢南希·帕姆奎斯特（Nancy Palmquist）。像所有专栏作家一样，为获得灵感、想法和信息，我特别倚重同事们和记者们给予的帮助，倚重提供重要建议和评论的人，以及提供其他各种帮助的人，这些人包括：约瑟夫·安迪斯塔、彼得·贝克尔、雷切尔·贝内特（Rachelle Bennett）、林赛·博什（Lindsay Bosch）、爱德华·凯茜（Edward S. Casey）、理查德·克里斯（Richard Crease）、阿莱格拉·德·劳伦蒂斯（Allegra de Laurentiis）、戴维·迪尔沃思（David Dilworth）、约·迪克逊、杰弗里·爱德华兹（Jeffrey Edwards）、帕特里克·格里姆（Patrick Grim）、乔治·哈特（George W. Hart）、罗伯特·哈维（Robert Harvey）、琳达·亨德森、唐·伊德（Don Ihde）、季海清、靳西平、朱迪·巴特·坎辛格（Judy Bart Kancigor）、克里斯·莱克（Chris Laico）、彼得·梅因（Peter Main）、彼得·曼彻斯特（Peter Manchester）、约翰·哈·马伯格三世（John H. Marburger III）、基思·马丁（Keith Martin）、丽塔·玛泽拉、吉姆·迈克马努斯、爱德华多·门迭塔（Eduardo Mendieta）、哈尔·梅特卡夫（Hal Metcalf）、凯文·迈耶（Kevin Meyer）、李·米勒（Lee Miller）、伊恩·米尔斯（Ian Mills）、马克·米顿（Mark Mitton）、戴维·纽厄尔（David Newell）、卢胜英（Seung-Young Noh）、卡伦·奥伯林（Karen Oberlin）、玛丽·罗林森（Mary Rawlinson）、伊恩·鲁滨逊（Ian Robinson）、罗伯特·沙夫（Robert C. Scharff）、朗达·希勒、朱迪·希思黎（Jodi Sisley）、迈克尔·索卡尔（Michael M. Sokal）、马歇尔·斯佩克特（Marshall Spector）、本·斯坦因（Ben Stein）、理查德·斯坦纳（Richard Steiner）、理查德·斯通（Richard Stone）、克利福·斯沃茨（Clifford Swartz）、安迪·泰勒（Andy Taylor）、巴里·泰勒（Barry Taylor）、阿贝贝·特塞马（Abebe Tessema）、鲍勃·瓦利耶（Bob Vallier）、安德鲁·沃勒德（Andrew Wallard）、保罗·威尔比（Paul Wilby）、吴南希、杨北思、张凡、张雅洁。由于纽约州立大学石溪分校哲学系办公室职员艾丽萨·贝茨（Alissa Betz）、安玛丽·莫纳汉（Ann-Marie Monaghan）、内森·莱昂斯-夏平（Nathan Leoce-Schappin）的热心帮助，本书手稿得以尽早完成。我还要感谢哥伦比亚大学图书馆善本书管理部。本书关于中国的内容全都经过霍华德·古德曼字斟句酌精心修改。戴维·布鲁纳教会了我使用三维动态的人形系统。戴维·迪尔沃斯让我详细了解了查尔斯·桑·皮尔士。豪尔·梅特卡夫让我懂得了光谱学。克莱尔·贝许（Claire Béchu）和布丽吉特-玛丽·勒·布里冈让我见识了法国国家档案馆的米原器和千克原器。吴若蕾带领我周游了北京。国际计量局质量科科长理查德·戴维斯对我的所有问题有问必答；特里·奎因对国际计量局了如指掌，我对该局的所有提问，均得到详尽的解答。上海交通大学科学史和哲学系教授关增建帮助我了解了中国近代度量衡史。我夫人斯蒂芬妮不仅通读了本书的手稿，与我共同应对写作中的困难，安排好日常生活中的一切，而且一如既往，始终给予我赞赏和鼓励。写作本书过程中，我儿子亚历山大不仅再次忍受住了我的工作习惯和时常缺失的陪伴，每收到一件新的科技产品，他总会辅导我使用。我女儿英迪娅每时每刻都会提醒我，做事必须脚踏实地。全家人都懒得陪我散步时，小狗肯德尔总是招之即来，如影随形地陪伴我。

图片来源

图 1：Courtesy of the Ashmolean Museum, University of Oxford

图 2：Library of Congress

图 3：Robert W. Bagley

图 4：Author's photo

图 5：Zhao Wu

图 6：Photos by Heini Schneebeli, courtesy of Tom Phillips

图 7：Library of Congress

图 8：Library of Congress

图 9：Library of Congress

图 10：NIST

图 11：Columbia Library Rare Books Collection

图 13：National Oceanic Atmospheric Administration

图 16：Courtesy of David Bruner and $[TC]_2$

图 17：Courtesy of Rita Mazzella

图 18：c BIPM

图 19：Physikalisch-Technische Bundesanstalt

图 20：Richard Steiner, NIST

p253 图表、p255 图表、p256 图表：Ian Mills

新　知
文　库